国家彩票公益金资助·大字版

顾森 著

生活中的数学

思考的乐趣

Matrix67数学笔记

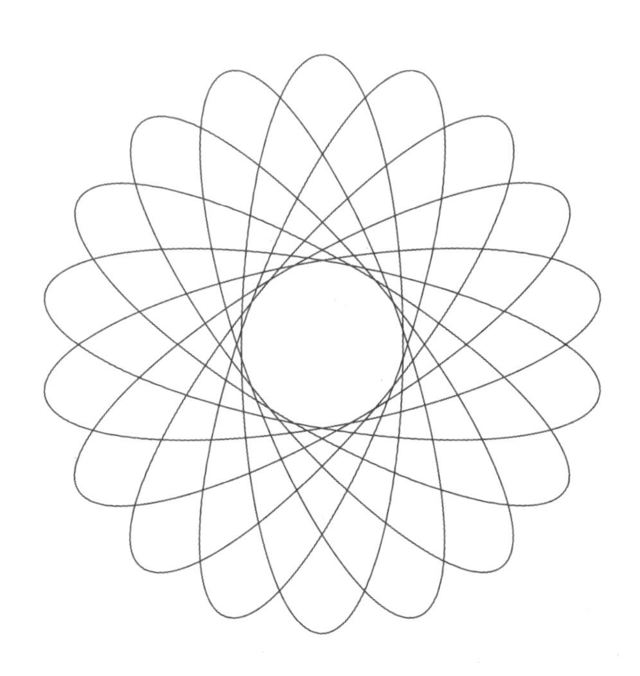

中国盲文出版社

图书在版编目（CIP）数据

生活中的数学：大字版 / 顾森著. —北京：中国盲文出版社，2020.10

（思考的乐趣：Matrix67 数学笔记）

ISBN 978-7-5002-9989-9

Ⅰ.①生… Ⅱ.①顾… Ⅲ.①数学—普及读物 Ⅳ.①01-49

中国版本图书馆 CIP 数据核字（2020）第 172254 号

生活中的数学

著　　者：顾　森
出版发行：中国盲文出版社
社　　址：北京市西城区太平街甲 6 号
邮政编码：100050
印　　刷：东港股份有限公司
经　　销：新华书店
开　　本：710×1000　1/16
字　　数：57 千字
印　　张：8.5
版　　次：2020 年 10 月第 1 版　2020 年 10 月第 1 次印刷
书　　号：ISBN 978-7-5002-9989-9/0·42
定　　价：26.00 元
销售服务热线：（010）83190520

序一

我本不想写这个序。因为知道多数人看书不爱看序言。特别是像本套书这样有趣的书，看了目录就被吊起了胃口，性急的读者肯定会直奔那最吸引眼球的章节，哪还有耐心看你的序言？

话虽如此，我还是答应了作者，同意写这个序。一个中文系的青年学生如此喜欢数学，居然写起数学科普来，而且写得如此投入又如此精彩，使我无法拒绝。

书从日常生活说起，一开始就讲概率论教你如何说谎。接下来谈到失物、物价、健康、公平、密码还有中文分词，原来这么多问题都与数学有关！但有关的数学内容，理解起来好像并不是很容易。一个消费税的问题，又是图表曲线，又是均衡价格，立刻有了高深模样。说到最后，道理很浅显：向消费者收税，消费意愿减少，商人的利润也就减少；向商人收税，成本上涨，消费者也就要多出钱。数学就是这样，无论什么都能插进去说说，而且千方百计要把事情说个明白，力求返璞归真。

如果你对生活中这些事无所谓，就请从第二部分“数学之美”开始看吧。这里有“让你立刻爱上数学的 8 个算术游戏”。作者口气好大，区区几页文字，能让人立刻爱上数学？你看下去，就知道作者没有骗你。这些算术游戏做起来十分简单却又有趣，背后的奥秘又好像深不可测。8 个游戏中有 6 个与数的十进制有关，这给了你思考的空间和当一回数学家的机会。不妨想想做做，换成二进制或八进制，这些游戏又会如何？如果这几个游戏勾起了你探究数字奥秘的兴趣，那就接着往下看，后面是一大串折磨人的长期没有解决的数学之谜。问题说起来很浅显明白，学过算术就懂，可就是难以回答。到底有多难，谁也不知道。也许明天就有人想到了一个巧妙的解法，这个人可能就是你；也许一万年仍然是个悬案。

但是这一部分的主题不是数学之难，而是数学之美。这是数学文化中常说常新的话题，大家从各自不同的角度欣赏数学之美。陈省身出资两万设计出版了“数学之美”挂历，十二幅画中有一张是分形，是唯一在本套书这一部分中出现的主题。这应了作者的说法：“讲数学之美，分形图形是不可不讲的。”喜爱分形图的读者不妨到网上搜索一下，在图片库里有丰富的彩色分形图。一边读本书，一边欣赏神秘而美丽惊人的艺术作品，从理性和感性两方面享受思考和观察的乐趣吧。此外，书里还有不常见的信息，例如三角形居然有5000多颗心，我是第一次知道。看了这一部分，马上到网上看有关的网站，确实是开了眼界。

作者接下来介绍几何。几何内容太丰富了，作者着重讲了几何作图。从经典的尺规作图、有趣的单规作图，到疯狂的生锈圆规作图、意外有效的火柴棒作图，再到功能特强的折纸作图和现代化机械化的连杆作图，在几何世界里我们做了一次心旷神怡的旅游。原来小时候玩过的折纸剪纸，都能够登上数学的大雅之堂了！最近看到《数学文化》月刊上有篇文章，说折纸技术可以用来解决有关太阳能飞船、轮胎、血管支架等工业设计中的许多实际问题，真是不可思议。

学习数学的过程中，会体验到三种感觉。

一种是思想解放的感觉。从小学学习加减乘除开始，就不断地突破清规戒律。两个整数相除可能除不尽，引进分数就除尽了；两个数相减可能不够减，引进负数就能够相减了；负数不能开平方，引进虚数就开出来了。很多现象是不确定的，引进概率就有规律了。浏览本套书过程中，心底常常升起数学无禁区的感觉。说谎问题、定价问题、语文句子分析问题，都可以成为数学问题；摆火柴棒、折纸、剪拼，皆可成为严谨的学术。好像在数学里没有什么问题不能讨论，在世界上没有什么事情不能提炼出数学。

一种是智慧和力量增长的感觉。小学里使人焦头烂额的四则应用题，一旦学会方程，做起来轻松愉快，摧枯拉朽地就解决了。曾经使许多饱学之士百思不解的曲线切线或面积计算问题，一旦学了微积分，即使让普通人做起来也是小菜一碟。有时仅仅读一个小时甚至十几分钟，就能感受到自己智慧和力量的增长。十几分钟之前还是一头雾水，十几分钟之后便豁然开朗。读本套书的第四部分时，这种智慧和力量增长的感觉特别明显。作者把精心选择的巧妙的数学证明，一个接一个地抛出来，让读者反复体验智慧和力量增长的感觉。这里有小题目也有大题目，不管是大题还是小题，解法常能令人拍案叫绝。在解答一个小问题之前作者说："看了这个证明后，你一定会觉得自己笨死了。"能感到自己之前笨，当然是因为智慧增长了！

一种是心灵震撼的感觉。小时候读到棋盘格上放大米的数学故事，就感到震撼，原来 $2^{64}-1$ 是这样大的数！在细细阅读本套书第五部分时，读者可能一次一次地被数学思维的深远宏伟所震撼。一个看似简单的数字染色问题，推理中运用的数字远远超过佛经里的"恒河沙数"，以至于数字仅仅是数字而无实际意义！接下去，数学家考虑的"所有的命题"和"所有的算法"就不再是有穷个对象。而对于无穷多的对象，数学家依然从容地处理，该是什么就是什么。自然数已经是无穷多了，有没有更大的无穷？开始总会觉得有理数更多。但错了，数学的推理很快证明，密密麻麻的有理数不过和自然数一样多。有理数都是整系数一次方程的根，也许加上整系数二次方程的根，整系数三次方程的根等等，也就是所谓代数数就会比自然数多了吧？这里有大量的无理数呢！结果又错了。代数数看似声势浩大，仍不过和自然数一样多。这时会想所有的无穷都一样多吧，但又错了。简单而巧妙的数学推理得到很多人至今不肯接受的结论：实数比自然数多！这是伟大的德国数学家康托的代表性成果。

说这个结论很多人至今不肯接受是有事实根据的。科学出版社出了一本书，名为《统一无穷理论》，该书作者主张无穷只有一个，不赞成实数比自然数多，希望建立新的关于无穷的理论。他的努力受到一些研究数理哲学的学者的支持，可惜目前还不能自圆其说。我不知道有哪位数学家支持“统一无穷理论”，但反对“实数比自然数多”的数学家历史上是有过的。康托的老师克罗内克激烈地反对康托的理论，以致康托得了终身不愈的精神病。另一位大数学家布劳威尔发展了构造性数学，这种数学中不承认无穷集合，只承认可构造的数学对象。只承认构造性的证明而不承认排中律，也就不承认反证法。而康托证明“实数比自然数多”用的就是反证法。尽管绝大多数的数学家不肯放弃无穷集合概念，也不肯放弃排中律，但布劳威尔的构造性数学也被承认是一个数学分支，并在计算机科学中发挥重要作用。

平心而论，在现实世界确实没有无穷。既没有无穷大也没有无穷小。无穷大和无穷小都是人们智慧的创造物。有了无穷的概念，数学家能够更方便地解决或描述仅仅涉及有穷的问题。数学能够思考无穷，而且能够得出一系列令人信服的结论，这是人类精神的胜利。但是，对无穷的思考、描述和推理，归根结底只能通过语言和文字符号来进行。也就是说，我们关于无穷的思考，归根结底是有穷个符号排列组合所表达出来的规律。这样看，构造数学即使不承认无穷，也仍然能够研究有关无穷的文字符号，也就能够研究有关无穷的理论。因为有关无穷的理论表达为文字符号之后，也就成为有穷的可构造的对象了。

话说远了，回到本套书。本套书一大特色，是力图把道理说明白。作者总是用自己的语言来阐述数学结论产生的来龙去脉，在关键之处还不忘给出饱含激情的特别提醒。数学的美与数学的严谨是分不开的。数学的真趣在于思考。不少数学科普，甚至国外有些大家的作品，说到较为复杂深刻的数学成果时，常常不肯花力气讲清楚其中的道理，可能认为讲了读者也不会看，是费力不讨好。本套书讲了不少相当深刻的数学工作，其推理过程有时曲折迂回，作者总是不畏艰难，一板一眼地力图说清楚，认真实践古人“诲人不倦”的遗训。这个特点使本套书能够成为不少读者案头床边的常备读物，有空看看，常能有新的思考，有更深的理解和收获。

信笔写来，已经有好几页了。即使读者有兴趣看序言，也该去看书中更有趣的内容并开始思考了吧。就此打住。祝愿作者精益求精，根据读者反映和自己的思考发展不断丰富改进本套书；更希望早日有新作问世。

2012年4月29日

序二

欣闻《思考的乐趣：Matrix67 数学笔记》即将出版，应作者北大中文系的数学侠客顾森的要求写个序。我非常荣幸也非常高兴做这个命题作业。记得几个月前，与顾森校友及图灵新知丛书的编辑朋友们相聚北大资源楼喝茶谈此书的出版，还谈到书名等细节。没想到图灵的朋友们出手如此之快，策划如此到位。在此也表示敬意。我本人也是图灵新知丛书的粉丝，看过他们好几本书，比如《数学万花筒》《数学那些事儿》《历史上最伟大的 10 个方程》等，都很不错。

我和顾森虽然只有一面之缘，但好几年前就知道并关注他的博客了。他的博客内容丰富、有趣，有很多独到之处。诚如一篇关于他的报道所说，在百度和谷歌的搜索框里输入 matrix，搜索提示栏里排在第一位的并不是那部英文名为 *Matrix*（《黑客帝国》）的著名电影，而是一个名为 matrix67 的个人博客。自 2005 年 6 月开博以来，这个博客始终保持更新，如今已有上千篇博文。在果壳科技的网站里（这也是一个我喜欢看的网站），他的自我介绍也很有意思：“数学宅，能背到圆周率小数点后 50 位，会证明圆周率是无理数，理解欧拉公式的意义，知道四维立方体是由 8 个三维立方体组成的，能够把直线上的点和平面上的点一一对应起来。认为生活中的数学无处不在，无时不影响着我们的生活。”

据说，顾森进入北大中文系纯属误打误撞。2006 年，还在念高二的他代表重庆八中参加了第 23 届中国青少年信息学竞赛并拿到银牌，获得了保送北大的机会。选专业时，招生老师傻了眼：他竟然是个文科生。为了专业对口，顾森被送入了中文系，学习应用语言学。

虽然身在文科，他却始终迷恋数学。在他看来，数学似乎无所不能。对于用数学来解释生活，他持有一种近乎偏执的狂热——在他的博客上，油画、可乐罐、选举制度、打出租车，甚至和女朋友在公园约会，都能与数学建立起看似不可思议却又合情合理的联系。这些题目，在他这套新书里也有充分体现。

近代有很多数学普及家，他们不只对数学有着较深刻的理解，更重要的是对数学有着一种与生俱来的挚爱。他们的努力搭起了数学圈外人和数学圈内事的桥梁。

这里最值得称颂的是马丁·伽德纳，他是公认的趣味数学大师。他为《科学美国人》杂志写趣味数学专栏，一写就是二十多年，同时还写了几十本这方面的书。这些书和专栏影响了好几代人。在美国受过高等教育的人（尤其是搞自然科学的），绝大多数都知道他的大名。许多大数学家、科学家都说过他们是读着伽德纳的专栏走向自己现有专业的。他的许多书被译成各种文字，影响力遍及全世界。有人甚至说他是 20 世纪后半叶在全世界范围内数学界最有影响力的人。对我们这一代中国人来说，他那本被译成《啊哈，灵机一动》的书很有影响力，相信不少人都读过。让人吃惊的是，在数学界如此有影响力的伽德纳竟然不是数学家，他甚至没有修过任何一门大学数学课。他只有本科学历，而且是哲学专业。他从小喜欢趣味数学，喜欢魔术。读大学时本来是想到加州理工去学物理，但听说要先上两年预科，于是决定先到芝加哥大学读两年再说。没想到一去就迷上了哲学，一口气读了四年，拿了个哲学学士。这段读书经历似乎和顾森有些相似之处。

当然，也有很多职业数学家，他们在学术生涯里也不断为数学的传播做着巨大努力。比如英国华威大学的 Ian Stewart。Stewart 是著名数学教育家，一直致力于推动数学知识走通俗易懂的道路。他的书深受广大读者喜爱，包括《数学万花筒》《数学万花筒 2》《上帝掷骰子吗？》《更平坦之地》《给青年数学家的信》《如何切蛋糕》等。

回到顾森的书上。题目都很吸引人，比如“数学之美”“几何的大厦”“精妙的证明”。特点就是将抽象、枯燥的数学知识，通过创造情景深入浅出地展现出来，让读者在愉悦中学习数学。比如“概率论教你说谎”“找东西背后的概率问题”“统计数据的陷阱”等内容，就是利用一些趣味性的话题，一方面可以轻松地消除读者对数学的畏惧感，另一方面又可以把概率和统计的原始思想糅合在这些小段子里。

数学是美丽的。对此有切身体会的陈省身先生在南开的时候曾亲自设计了“数学之美”的挂历，其中12幅画页分别为复数、正多面体、刘徽与祖冲之、圆周率的计算、数学家高斯、圆锥曲线、双螺旋线、国际数学家大会、计算机的发展、分形、麦克斯韦方程和中国剩余定理。这是陈先生心目中的数学之美。我的好朋友刘建亚教授有句名言：“欣赏美女需要一定的视力基础，欣赏数学美需要一定的数学基础。”此套书的第二部分“数学之美”就是要通过游戏、图形、数列等浅显概念让有简单数学基础的读者朋友们也能领略到数学之美。

我发现顾森的博客里谈了很多作图问题，这和网上大部分数学博客不同。作图是数学里一个很有意思的部分，历史上有很多相关的难题和故事（最著名的可能是高斯 19 岁时仅用尺规就构造出了正 17 边形的故事）。本套书的第三部分专门讲了“尺规作图问题”“单规作图的力量”“火柴棒搭成的几何世界”“折纸的学问”“探索图形剪拼”等，愿意动动手的数学爱好者绝对会感到兴奋。对于作图的乐趣和意义，我想在此引用本人在新浪微博上的一个小段子加以阐述。

学生：“咱家有的是钱，画图仪都买得起，为啥作图只能用直尺和圆规，有时还只让用其中的一个？”

老师：“上世纪有个中国将军观看学生篮球赛。比赛很激烈，将军却慷慨地说，娃们这么多人抢一个球？发给他们每人一个球开心地玩。”

数学文化微博评论：生活中更有意思的是战胜困难和挑战所赢得的快乐和满足。

书的最后一部分命名为“思维的尺度”，“俄罗斯方块可以永无止境地玩下去吗?”“比无穷更大的无穷”“无以言表的大数”“不同维度的对话”等话题一看起来就很有意思，作者试图通过这些有趣的话题使读者享受数学概念间的联系、享受数学的思维方式。陈省身先生临终前不久曾为数学爱好者题词：“数学好玩。”事实上顾森的每篇文章都在向读者展示数学确实好玩。数学好玩这个命题不仅对懂得数学奥妙的数学大师成立，对于广大数学爱好者同样成立。

见过他本人或看过他的相片的人一定会同意顾森是个美男子，有阳刚之气。很高兴看到这个英俊才子对数学如此热爱。我期待顾森的书在不久的将来会成为畅销书，也期待他有一天会成为马丁·伽德纳这样的趣味数学大师。

汤涛

《数学文化》期刊联合主编

香港浸会大学数学讲座教授

2012.3.5

前言

依然记得在我很小的时候，母亲的一个同事考了我一道题：一个正方形，去掉一个角，还有多少个角？记得当时我想都没想就说："当然是三个角。"然后，我知道了答案其实应该是五个角，于是人生中第一次体会到顿悟的快感。后来我发现，其实在某些极端情况下，答案也有可能是四个角或者三个角。我由衷地体会到了思考的乐趣。

从那时起，我就疯狂地爱上了数学，为一个个漂亮的数学定理和巧妙的数学趣题而倾倒。我喜欢把我搜集到的东西和我的朋友们分享，将那些恍然大悟的瞬间继续传递下去。

2005 年，博客逐渐兴起，我终于找到了一个记录趣味数学点滴的完美工具。2005 年 7 月，我在 MSN 上开办了自己的博客，后来几经辗转，最终发展成了一个独立网站 http://www.matrix67.

com。几年下来，博客里已经累积了上千篇文章，订阅人数也增长到了五位数。

在博客写作的过程中，我认识了很多志同道合的朋友。2011 年初，我有幸认识了图灵公司的朋友。在众人的鼓励下，我决定把我这些年积累的数学话题整理成册，与更多的人一同分享。我从博客里精心挑选了一系列初等而有趣的文章，经过大量的添删和修改，有机地组织成了五个相对独立的部分。如果你是刚刚体会到数学之美的中学生，这书会带你进入一个课本之外的数学花园；如果你是奋战在技术行业前线的工程师，这书或许能不断给你带来新的灵感；如果你并不那么喜欢数学，这书或许会逐渐改变你的看法……不管怎样，这书都会陪你走过一段难忘的数学之旅。

在此，特别感谢张晓芳为本套书手绘了很多可爱的插画，这些插画让本套书更加生动、活泼。感谢明永玲编辑、杨海玲编辑、朱巍编辑以及图灵公司所有朋友的辛勤工作。同时，感谢张景中院士和汤涛教授给我的鼓励、支持和帮助，也感谢他们为本套书倾情作序。

在写作这书时，我在 Wikipedia（http://www.wikipedia.org）、MathWorld（http://mathworld. wolfram. com）和 CutTheKnot（http://www.cut-the-knot.org）上找到了很多有用的资料。文章中很多复杂的插图都是由 Mathematica 和 GeoGebra 生成的，其余图片则都是由 Paint.NET 进行编辑的。这些网站和软件也都非常棒，在这里也表示感谢。

目录

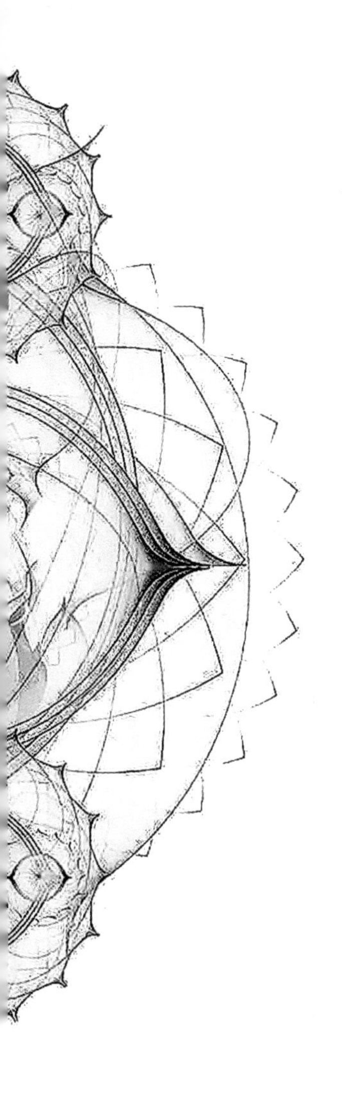

社会学是应用心理学，心理学是应用生物学，生物学是应用化学，化学是应用物理，物理是应用数学。虽然生活的变量太多，建立完整的数学模型几乎是一个不可能完成的任务，但数学玩家们仍然乐此不疲地尝试着用自己的方式理解生活。

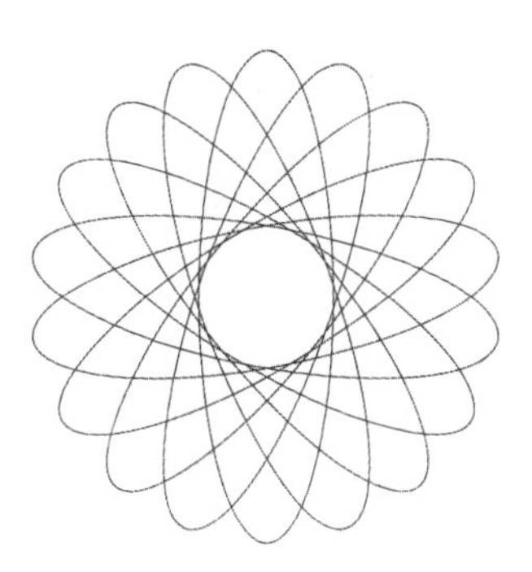

1. 概率论教你说谎

在北大念本科时，宿舍里的几个哥们儿特别喜欢玩电脑游戏。M 同学是宿舍里绝对的游戏高手，我们总是被他虐得死去活来的。有段时间，他突然手感不佳，老是发挥失常，反被我们打得狼狈不堪。某天晚上，我们正想继续蹂躏 M 同学，但找遍宿舍楼竟也没发现他的影子。于是我们推测，这家伙肯定到校外的网吧里通宵练技术去了。

第二天一大早，M 同学果然满脸倦意地回到了宿舍。我们几个早有准备，一行人走过去开始考问他：“嘿嘿，昨晚干啥了？”本以为 M 同学会支支吾吾答不上话来，殊不知他义正词严地答道：“我陪女朋友去看通宵电影了。”我们几个人不服气，问他：“那电影票呢？”谁知他说了一句“忘了放哪儿了”后，还真煞有介事地在包里翻来翻去。一群人大笑着说：“唉呀，你就别装了吧。”两分钟后，我们全都傻了眼——M 同学还真摸出两张电影票。一哥们儿猛地拍了一下 M 同学的肩膀说：“唉呀，为了骗过我们，你真是煞费苦心啊，居然到影院门口找散场观众买了两张票根！”

笑过之后，我突然开始想，假如 M 同学为了掩饰自己的丢人行径，真的准备好了伪证的话，那他的演技可不是一般地高明。试着想象以下两个画面。

（1）几个人不服气，问他：“那电影票呢？”M

同学不急不慢地从口袋里掏出两张电影票说："在这儿呢。"

（2）几个人不服气，问他："那电影票呢？" M 同学假装到处寻找电影票，过了两分钟才翻出来。

显然，第二种做法更令人相信他真的跑去看通宵电影了。事实上，M 同学还能做得更好。

（3）几个人不服气，问他："那电影票呢？" M 同学条件反射式地说："电影票早就扔了。" 我们继续追问："不会吧，跟女朋友一起看的电影，票就这样扔了，不是你的作风啊。" M 同学继续狡辩："电影票真没了，是不小心搞丢的……" 半个小时后，M 同学终于（装作）妥协了，说："那你们看了电影票不要笑我哦。" 于是，他（假装）不好意思地交出电影票。我们接过来一看，然后指着他大笑："你居然和女朋友一起去看《建国大业》?! 还是通宵连映?!"

这个效果绝对一流，估计我们几乎百分之百地会相信他真的是去看电影了。事实上，很多电影和小说中也有类似的情节，比如《达·芬奇密码》中爵士以隐私权为由拒绝警方进入飞机搜查，而事实上警方强行进入后却发现飞机里根本没有别人。爵士事先让大伙儿撤离飞机，并在警方要求搜查飞机时故意造成飞机里还有别人的假象，这样为什么就会让人更加相信爵士反而没有隐瞒什么呢？有趣的是，从概率论的角度来说，这个直觉思维有一个很具有启发性的科学解释。

在概率论中，在知道事件 B 已经发生的情况下，事件 A 发生的概率就记做 $P(A|B)$，它应该等于 $\frac{P(A\cap B)}{P(B)}$，即 A 和 B 同时发生的概率除以 B 本身发生的概率。例如，投掷一颗骰子，如果已经知道它的点数不超过 3，那么这个点数是奇数的概率就应该等于 $\frac{2}{6}$ 除以 $\frac{3}{6}$，即 $\frac{2}{3}$。而上述公式中的 $P(A\cap B)$ 又可以等于 $P(B|A)\cdot P(A)$，因此我们得到公式 $P(A|B)=\frac{P(B|A)\cdot P(A)}{P(B)}$。这个

公式叫做贝叶斯（Bayes）定理，它的直观意义就是，当你获知了一个新的信息后，你对原事件的看法所做的改变。若令事件 A 等于“M 同学昨晚在外通宵修炼”，事件 B 等于“M 同学有电影票”，让我们来看看公式中的各个概率的意义。

$P(A)$：M 同学昨晚在外通宵修炼的概率

$P(B)$：M 同学手中有电影票的概率

$P(A \mid B)$：当 M 同学手中的电影票被发现后，他昨晚在外通宵修炼的概率

$P(B \mid A)$：如果昨晚 M 同学真的在外通宵修炼，他手中会有电影票的概率

其中 $P(A \mid B)$ 就是当事人提供了新的证据之后人们对原事件发生概率的看法。利用贝叶斯定理 $P(A \mid B)=\dfrac{P(B \mid A)\cdot P(A)}{P(B)}$，我们发现，$P(A \mid B)$ 与 $P(B \mid A)$ 和 $P(A)$ 成正比，与 $P(B)$ 成反比。因此，为了让人们相信事件 A 没有发生，作为伪证的事件 B 一定要具有这样的性

质：它本来很可能发生，但伴随着事件 A 一起发生就很不可思议了。通宵电影票就具有这样的性质：有一张通宵电影票根并不罕见，罕见的就是昨晚修炼一夜之后还有一张通宵电影票。为了充分利用这个伪证，让 $P(A \mid B)$ 变得更低，我们可以从以下三个方面入手。

减小 $P(B \mid A)$：不要轻易拿出证据（正如前面所说的策略）。故意做出没法给出证据的样子，让人越来越坚信在事件 A 发生后还能给出证据 B 的概率有多么小。

增加 $P(B)$：平时做好铺垫工作。长期保存电影票根，经常提起自己有保留纪念物的喜好，让人们相信证据本身的存在并不是什么怪事。

减小 $P(A)$：不要一副鬼鬼祟祟的样子，努力提高自己在别人心目中的人品，不至于让人一看见你就说你是不是昨晚又干了坏事。

2. 找东西背后的概率问题

各种违反常理的错觉图片和数学事实告诉我们，直觉并不可靠。其实这本身就是一种错觉，它让我们觉得直觉总是不可信的。而事实上，多数情况下直觉都是可信的，前一节的故事便是一例。我们来看另外一个有趣的例子。

我的书桌有 8 个抽屉，分别用数字 1 到 8 编号。每次拿到一份文件后，我都会把这份文件随机地放在某一个抽屉中。但我非常粗心，有 $\frac{1}{5}$ 的概率会忘了把文件放进抽屉里，最终把这个文件搞丢。

现在，我要找一份非常重要的文件。我将按顺序打开每一个抽屉，直到找到这份文件为止（或者很悲剧地发现，翻遍了所有抽屉都没能找到这份文件）。考虑下面三个问题。

（1）假如我打开了第一个抽屉，发现里面没有我要的文件。这份文件在其余 7 个抽屉里的概率是多少？

（2）假如我翻遍了前 4 个抽屉，里面都没有我要的文件。这份文件在剩下的 4 个抽屉里的概率是多少？

（3）假如我翻遍了前 7 个抽屉，里面都没有我要的文件。这份文件在最后一个抽屉里的概率是多少？

继续往下看之前，大家不妨先猜一猜，这三个概率值是越来越大还是越来越小？

事实上，三个概率值分别是$\frac{7}{9}$、$\frac{2}{3}$和$\frac{1}{3}$。可能这有点出人意料，这个概率在不断地减小。但设身处地地想一下，这也不是没有道理的。这正反映了我们实际生活中的心理状态，与我们的直觉完全相符：假如我肯定我的文件没搞丢，每次发现抽屉里没有我要的东西时，我都会更加坚信它在剩下的抽屉里；如果我的文件有可能搞丢了，那每翻过一个抽屉但没找到文件时，我都会更加慌张。我会越来越担心，感到希望越来越渺茫，直到自己面对第 8 个抽屉，忐忑地怀着最后一丝希望，同时心里想：完了，这下可能是真丢了。

有一个非常巧妙的方法可以算出上面三个概率值来。

注意到，平均每 10 份文件就有两份被搞丢，其余 8 份平均地分给了 8 个抽屉。假如我把所有搞丢了的文件都找了回来，那么它们应该还占 2 个抽屉。这让我们想到了这样一个有趣的思路：在这 8 个抽屉后加上 2 个虚拟抽屉——抽屉 9 和抽屉10，这两个抽屉专门用来装我丢掉的文件。我们甚至可以把题目等价地变为：随机把文件放在10个抽屉里，但找文件时不允许打开最后2个抽屉。当我已经找过 n 个抽屉但仍没找到我想要的文件时，文件只能在剩下的 $10-n$ 个抽屉里，但我只能打开剩下的 $8-n$ 个抽屉，因此所求的概率是 $\frac{8-n}{10-n}$。当 n 分别等于1、4、7时，这个概率值分别是 $\frac{7}{9}$、$\frac{2}{3}$ 和 $\frac{1}{3}$。

如果把 $\frac{8-n}{10-n}$ 写成 $1-\frac{2}{10-n}$，就很容易看出，当 $0 \leqslant n \leqslant 8$ 时，它是一个递减函数。

3. 设计调查问卷的艺术

设计一张合理的调查问卷并不是一件容易的事情，需要综合考虑各方面的因素。比方说，假如你需要在调查表中问一个极度隐私的问题，尽管在调查表上再三强调你们的保密措施，但你真的指望所有人都能够如实地回答吗？你真的指望会有人在“我有外遇”前面打一个勾，然后把表递到问卷回收人的手中吗？

有什么方案能够从理论上保证个人隐私绝对不可能被泄露，让每个人都能够放心地填写，并且问卷回收之后能够得到一个准确的统计结果呢？为了方便起见，假设这个问题的答案只有“是”和“否”两个选项。

这里提供一个很漂亮的解决方案。在问卷上要求每个人准备一枚硬币（或者叫问卷发放人给每个人发一枚一元钱的硬币，顺便也当做填写问卷的酬谢）。对于指定的隐私题目，请填写人投掷一次硬币：如果正面朝上，则如实填写个人的真实情况；如果反面朝上，那么就再投掷一次硬币，正面就选“是”，反面就选“否”。当然，若第一次投掷硬币为正的话，填写人完全可以假装再投一次硬币来掩人耳目。这样，别人永远不知道你在“我有外遇”前面打了勾是因为你真的有婚外恋，还是因为那个答案是投掷出来的。

回收所有的问卷后，我们需要推测出，在那些如实回答了问题的人中，有多少人选择了“是”。假设回收到的有效问卷有 m 份，其中该问题答

“是”的有 n 个人。那么，如实回答了该问题的人平均有 $\frac{m}{2}$ 个；另外 $\frac{m}{2}$ 人则是抛币作答的，其中有大约 $\frac{m}{4}$ 的人“被迫”答了“是”。因此，我们所需要的最终结果就是 $\frac{n-m/4}{m/2}$。

把这个算法写在问卷上，让大家知道问卷调查结果将如何统计，以便让大家严格遵守该问题的填写方法。

4。统计数据的陷阱

和统计数据打的交道多了，什么见鬼的事情都能遇上。统计数据显示，在铀矿工作的工人居然与其他人的寿命相当，有时甚至更长！难道统计结果表明在铀矿工作对身体无害么？

当然不是！其实，统计数据本身并没有说谎，铀矿工人的寿命真的不比普通人低，难就难在我们如何拨开数据的外表，从中挖掘出正确的信息。事实上，只有那些身强体壮的人才会去铀矿工作，他们的寿命本来就长一些，正是因为去了铀矿工作，才把他们的寿命拉低到了平均水平，造成了数据的“伪独立性”。这种现象常常被称为“健康工人效应”。

类似地，有数据表明打太极拳的人和不打太极拳的人平均寿命相同。事实上呢，太极拳确实可以强身健体、延长寿命，但打太极拳的人往往是体弱多病的人，这一事实也给统计数据带来了虚假的独立性。

有虚假的独立性数据，就有虚假的相关性数据。统计数据显示，去救火的消防员越多，火灾损失越大。初次听到这样的结论，想必大家的反应都一样：这怎么可能呢？仔细想想你就明白了：正因为火灾损失大，才会有很多人去救火。因果关系弄颠倒了。数据只能显示两件事情有相关性，但并不能告诉你它们内部的逻辑关系。

事实上，两个在统计数据上呈现相关性的事件，有可能根本就没有因果关系。统计数据表明，冰淇淋销量增加，鲨鱼食人事件也会同时增加。但这并不意味着，把冰淇淋销售点全部取缔了，就能减小人被鲨鱼吃掉的概率。真实的情况则是，这两个变量同时增加只不过是因为夏天来了。统计数据显示，足球队的获胜率，竟然与队员的球袜长度成正比。难道把队员的球袜都换长一些，就能增加进球数了吗？显然不是。数据背后真正的因果关系是，球队的获胜率和队员的球袜长度都与队员的身高呈正相关，这导致了获胜率与球袜长度之间表现出虚假的相关性。

类似的例子还有很多。统计数据表明，手指越黄的人，得肺癌的概率越大。但事实上，手指的颜色和得肺癌的概率之间显然没有直接的因果联系。那么为什么统计数据会显示出相关性呢？这是因为手指黄和肺癌都可能是由吸烟造成的，于是又营造出一种虚假的相关性。

读到这里，大家脑子里或许会产生这么一个颠覆性的念头：根据同样的道理，我们又凭什么说吸烟会致癌呢？万一吸烟和肺癌也都是由另外一个东西同时导致的怎么办？

其实，要想知道吸烟与癌症之间究竟是否有因果联系，方法本来很简单：找一群人随机分成两组，规定一组抽烟一组不抽烟，十几年后再把这一拨人找回来，数一数看是不是抽烟的那一组人患肺癌的更多一些。这个实验方法本身是无可挑剔的，但它太不道德了，因此我们只能考虑用自然观察法，选择一些本来都不吸烟的健康人进行跟踪观察，然后呢，过一段时间这拨人里总会出现一些失意了、堕落了犯上烟瘾的人，于是随着时间的流逝这帮人自然而然地分成了可供统计观察的两组人。注意，这里“是否吸烟”这一变量并不是通过随机化得来的，它并没有经过人为的干预，而是自然区分出来的。这是一个致命的缺陷！统计结果表明，犯上烟瘾的那些人得肺癌的概率远远高于其他人。这真的能够说明吸烟致癌吗？仔细想想你会发现这当然不能！原因恰似之前提过的例子：完全有可能是因果关系颠倒了，或者某个第三方变量同时对“爱吸烟”和“患肺癌”产生影响。1957 年，费希尔（Fisher）提出了两个备选理论：癌症引起吸烟（烟瘾是癌症早期的一个症状），或者存在某种基因能够同时引起癌症和烟瘾。

现实中的统计数据往往会表现出一些更加诡异复杂的反常现象，带来更多意想不到的麻烦。辛普森（Simpson）悖论是统计学中最有名的悖论：各个局部表现都很好，合起来一看反而更差。统计学在药物实验中的应用相当广泛，每次推出一种新药，我们都需要非常谨慎地进行临床测试。但有时候，药物实验的结果会匪夷所思。假设现在我们有一种可以代替安慰剂的新药。统计数据表明，这种新药的效果并不比安慰剂好：

	有　效	无　效	总人数
新药	80	120	200
安慰剂	100	100	200

简单算算就能看出，新药只对40％的人有效，而安慰剂则对50％的人有效。新药按理说应该更好啊，那问题出在哪里呢？是否因为这种新药对某一类人有副作用？于是研究人员把性别因素考虑进来，将男女分开来统计：

	男性有效	男性无效	女性有效	女性无效
新药	35	15	45	105
安慰剂	90	60	10	40

大家不妨实际计算一下：对于男性来说，新药对高达 70％的人都有效，而安慰剂则只对 60％的人有效；对于女性来说，新药对 30％的人都有效，而安慰剂则只对 20％的人有效。滑稽的一幕出现了：我们惊奇地发现，新药对男性更加有效，对女性也更加有效，但对整个人类则无效！

这种怪异的事屡见不鲜。曾有一个高中的师弟给我发短信，给了我两所大学的名字，问填报哪个好。我考虑了各方面的因素，甚至非常认真地帮他查了一下两所大学的男女生比例，并且很细致地将表格精确到了各个院系。然后呢，怪事出现了：A 学校每个院系的女生比例都比 B 学校的同院系要高，但合起来一看却比 B 学校的低。当然，进错了大学找不到女朋友是小事，但医药研究需要的是极其精细的统计实验，稍微出点差错的话害死的可就不是一两个人了。

上面的例子再次告诉我们，统计实验的“随机干预”有多么重要。从上面的数据里我们直接看到，这个实验的操作本身就有问题：新药几乎全是女性在用，男性则大都在用安慰剂。被试者的分组根本没有实现完全的随机化，这才导致了如此混乱的统计结果。不难设想，如果每种药物的使用者都是男女各占一半，上述的悖论也就不会产生了。当然，研究人员也并不笨，这么重大的失误一般还是不会发生的。问题很可能出在一些没人注意到的小细节上。比如说，实验的时候用粉色的瓶子装新药，用蓝色的瓶子装安慰剂，然后让被试人从中随机选一个来用。结果呢，女孩子们喜欢粉色，选的都是新药；男的呢则大多选择了蓝瓶子，用的都是安慰剂。最后，200 份新药和 200 份安慰剂正好都发完，因此不到结果出来时，就没有人会注意到这个微小的性别差异所带来的统计失误。

当然，上面这个药物实验的例子并不是真实的，一看就知道那个数据是凑出来方便大家计算的。不过，永远不要以为这种戏剧性的事件在现实中不会发生。《致命的药物》一书详细披露了 20 世纪美国的一次重大药害事件，其原因可以归结到药物实验上去。人们推测，事故发生的原因就与一些类似的统计学现象相关。

这些离奇的统计学现象有时会让人感到恐慌：连统计数字也不可靠了，还有什么能真实地反映这个世界运转的规律呢？

5. 为什么人们往往不愿意承担风险?

张志强的博客“阅微堂”① 也是一个非常有名的数学博客。他曾经在博客中写过，有两门课程是所有大学生都应该学习的，一是概率论，二是经济学，这两门课分别代表生活中的两种思维方式。我非常赞同这个观点。概率论并不仅仅是一门关于概率的学问，它把世间发生的一切抽象为“事件”，把那些充满不确定性的复杂机制抽象为一个个“随机过程”，给我们带来了一种全新的世界观。同样地，经济学也并不是一门关于经济的学问。利用经济学模型，我们可以解释人们日常生活中很多看似不合情理的决策。

假设现在有两份临时工作供你选择，它们的工作内容都完全相同，只是报酬方式不一样：工作

---

① 博客地址为 http://zhiqiang.org/blog。

一，有 $\frac{1}{2}$ 的概率获得 500 元，有 $\frac{1}{2}$ 的概率获得 1500 元；工作二，百分之百地稳拿 1000 元钱。虽然看上去两种选择的平均收入都一样，但是人们往往更愿意选择后一份工作，尽可能避免前一种工作的风险。为什么面对期望收入相同的事件，人们往往愿意选择风险更小的那一个呢？

关键的原因在于，收入本身并不重要，我们关心的是它能带给我们的好处，或者说它给我们带来的幸福感、满足感。在经济学中，我们用“效用”这个词来表示这种主观上对收益的评估结果。

这里，我们有一个重要的假设：收入的边际效用（收入每增加一个单位所带来的额外效用）是递减的。换句话说，增加同样多的收入，低收入者主观上会感觉自己收益了很多，本来就是高收入的人则觉得这点儿收入算不了什么。人们往往会觉得，收入从 100 元增加到 200 元所带来的效用，要远远大于收入从 800 元增加到 900 元所带来的效用。因此，如果把个人收入和它给人带来的效用画成一条曲线的话，大致就如图 1 中的那条曲线。

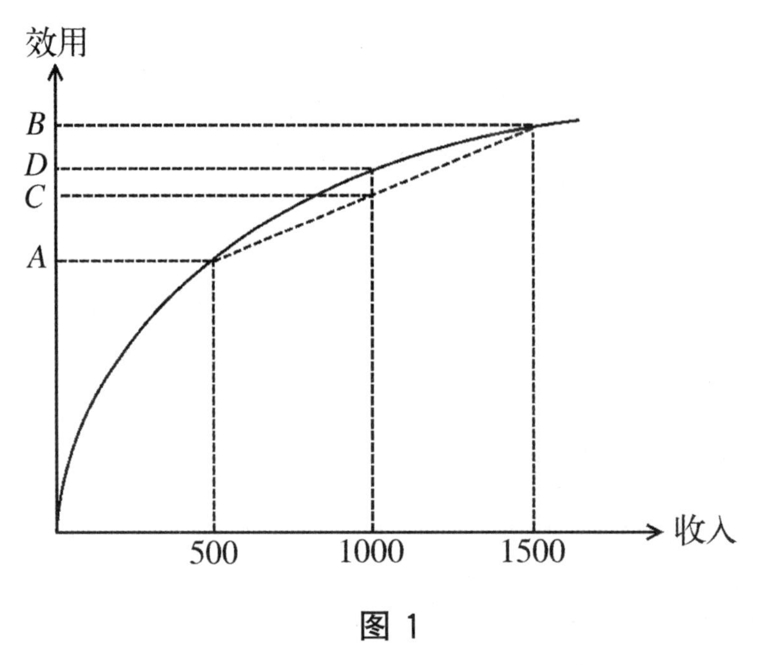

图 1

假如你获得了 500 元钱，你所得到的效用就用 A 点来表示；假如你获得了 1500 元，你所得到的效用就在 B 点。因此，工作一带给你的平均效用就用 A 和 B 的中点 C 来表示。如果直接就给你 1000 元，你则会得到一个大于 C 的效用 D。这表明，直接选择工作二所带来的效用要高于工作一带给你的平均效用，自然人们都会选择工作二了。

因此，经济学中有这样一个定理：如果一个人认为自己收入的边际效用是递减的，那么这个人就是一个风险规避者。对于期望收入相同的两件事来说，他愿意去做风险更小的那一件。

事实上，风险规避者甚至有可能通过减少自己的收入来避免可能的风险。在图 2 中我们可以看到，如果工作二所提供的稳定收入值高于 x 元，风险规避者就会毫不犹豫地选择工作二，即使它的收入低于工作一的平均收入。也就是说，一个风险规避者愿意花费 $1000-x$ 元钱来避免他可能面对的风险。

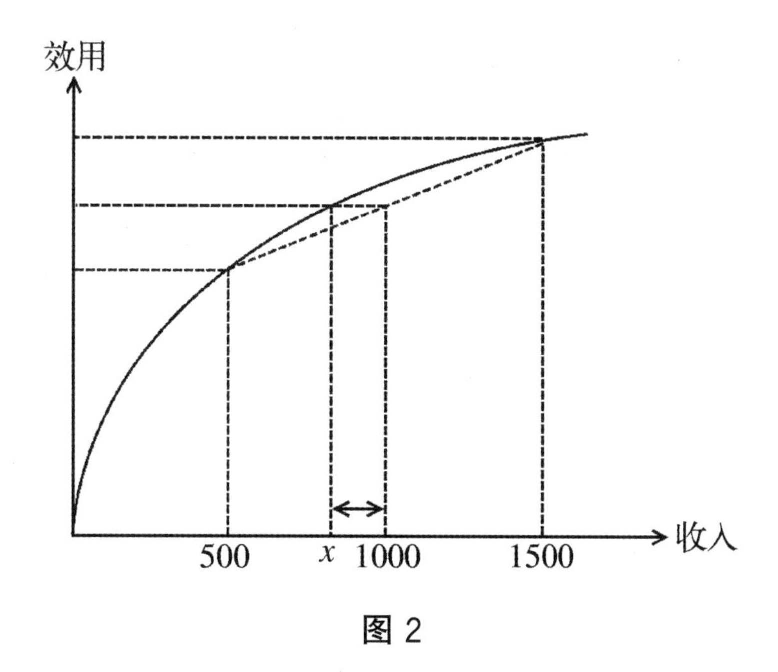

图 2

6. 消费者承担消费税真的吃亏了吗？

其实，我本来对经济学不感兴趣。一次偶然的机会，我在朋友的寝室里看到了传说中经济学最经典的教材之一——曼昆（Mankiw）的《经济学原理》。好奇心驱使我随手翻开了一页，读了一小段与征税有关的讲义，于是立即爱上了经济学，并且果断选修了微观经济学的课程。这是我大学期间收获最大的课程之一。

可能是因为个人的经历吧，我觉得征税问题特别适合用作微观经济学的入门话题。因此，我准备在这里复述一下《经济学原理》中的这段讲义，希望从未接触过经济学的数学爱好者们能够喜欢上这门学问。

我打算偷一个小懒，直接用原书上的例子——冰淇淋。

与众多其他市场一样，冰淇淋市场的需求曲线与供给曲线的走向是正好相反的。当冰淇淋的价格增加时，越来越多的消费者觉得吃冰淇淋的享受不值这么多钱，从而退出了消费市场，于是市场的总需求量越来越低。反之，冰淇淋的价格越低，能够提供冰淇淋的生产商也越少，因为越来越多的卖者认为他们没有赚头，从而退出市场竞争。两条曲线有一个交点，这个交点叫做市场均衡。对应的价格叫做市场均衡价格，对应的数量则叫做均衡数量（见图 1）。在均衡价格下，买者的需求与卖者的供给数量正好相当，市场上的每个人都得到了满足。若市场价不等于均衡价格时，供给数量和需求数量将不再平衡；供不应求将导致价格上涨，供大于求则导致价格下跌，最终还是会自发地调整到均衡价格。

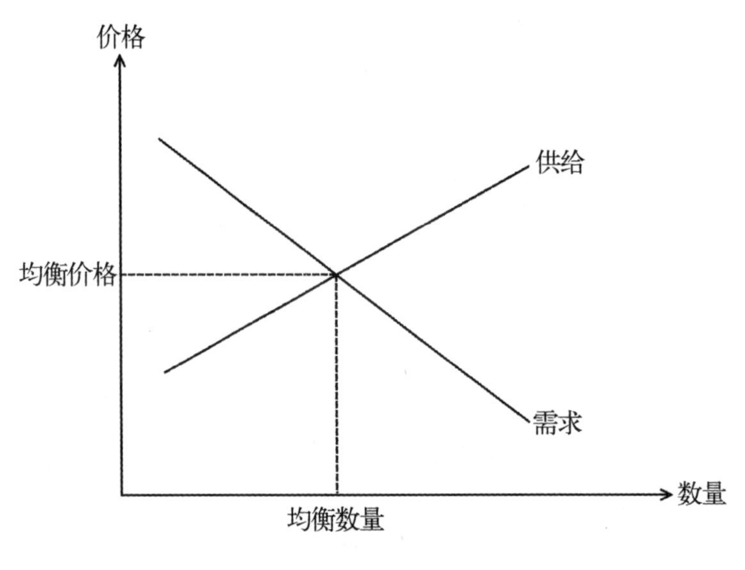

图 1

现在呢，有趣的事情发生了。假设有一个地方具有相当浓厚的冰淇淋文化，该地政府打算举办一个年度冰淇淋节。为了筹到这项活动的经费，政府决定：卖方每卖出一个冰淇淋，政府就向卖者征收 0.5 美元的税。于是，各大冰淇淋制造商上街游行，宣称这个税应该由买者支付。而消费者协会则声援政府，坚持认为这部分税应该由冰淇淋生产商支付。两大游说集团吵成一团。为此，我们不妨仔细研究一下，如果这部分税由消费者来承担的话，会发生什么奇特的事情。

假设政府向消费者征税。消费者自然会觉得自己亏大了：每买一个冰淇淋还要多付 0.5 美元。消费者并不关心市场价格，只关心自己的实际支出，因此，如果原本我能接受 2 美元的冰淇淋，现在我只愿意接受 1.5 美元的了，因为我还得额外支付 0.5 美元的税。换句话说，需求曲线向下移动了 0.5 个单位（见图 2）。新的需求曲线与供给曲线产生了新的交点，市场的均衡数量变少了，市场均衡价格也降低了。假如说，没有征税时市场均衡价格为 3.0 美元，现在的市场均衡价格为 2.8 美元。但消费者要交 0.5 美元的税，因此消费者支付的实际价格是 3.3 美元。我们可以看到，政府若向消费者征税，则卖方损失了 0.2 美元的收益，买方则多付出了 0.3 美元。这 0.5 美元的税实际上是由双方共同承担的。究竟哪一边分担得多些是由两条线的斜率决定的。

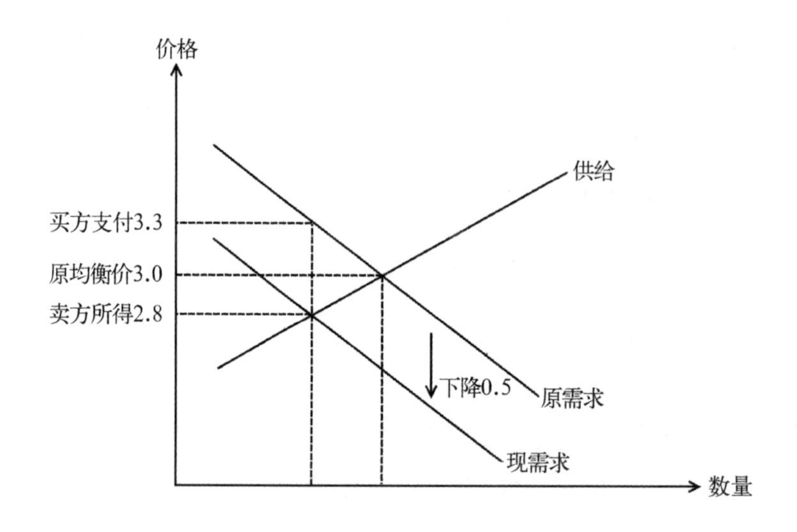

图 2

20 世纪美国曾经大规模地向消费者征收奢侈品消费税。因为政府觉得，买奢侈品的都是富人，因此对奢侈品征收消费税其实是非常巧妙地变相向富人多征一些税。殊不知，奢侈品不是生活必需品，只要价格抬高一点，便有大量的消费者退出市场，反正有的是地方花钱，买点房子啊，出去旅游啊，要实在得多。反过来，奢侈品的供给曲线则非常地陡，即使价格变化很大，产量变化仍然不大，毕竟生产制造奢侈品需要用很多时间、人力和设施，这些既定因素使得生产商无法快速应对市场需求变化。可见，需求曲线比供给曲线要“平”得多。结果呢，明明是向买方征税，税反而几乎都由生产者承担；而这些生产者并不是富人，奢侈品税的重担落在了中产阶级身上。政府的决策适得其反。

别着急，冰淇淋的故事还没讲完呢。我们再来看看，如果果真向生产商征税，结果又如何呢？显然，生产者必然会觉得自己亏了，原本可以卖 2 美元，现在卖了后只能得 1.5 美元了。因此，为了弥补这 0.5 美元的损失，卖方只接受比原来高 0.5 美元的市场价格。其结果是，供给曲线上升了 0.5 个单位（见图 3），从而使得市场均衡价格从 3.0 美元增加到了 3.3 美元。但这 3.3 美元并不全部归卖方，卖方要交给政府 0.5 美元的税，因此事实上卖方只能得到 2.8 美元。结果呢，向生产者征税的效果与向消费者征税的效果完全一样。

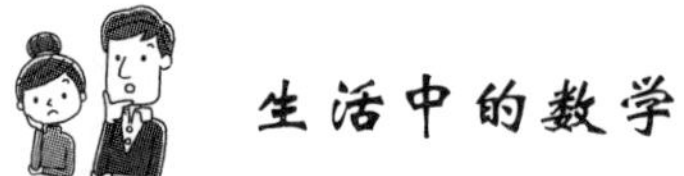

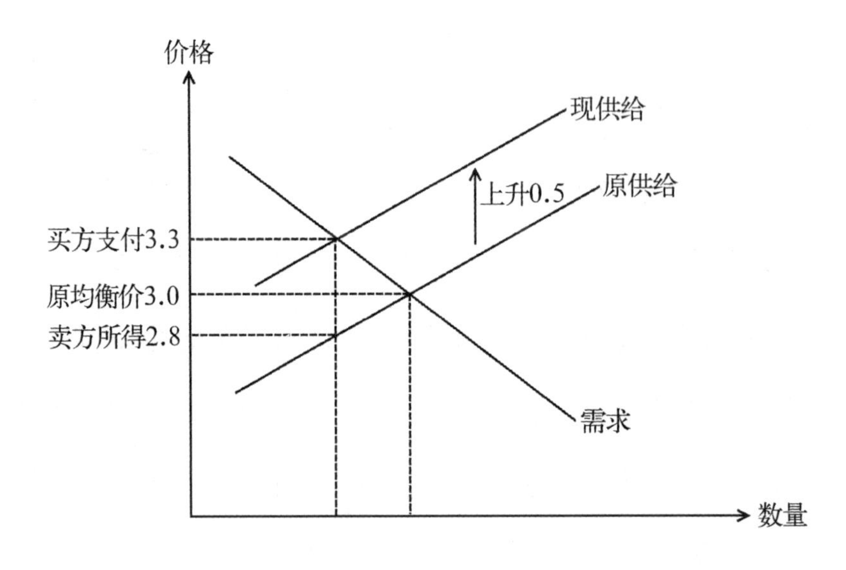

图 3

搞了半天，最开始两边在那里拼了命地争论，结果却完全没有必要——不管向谁征税，结果都是一样的。

7. 价格里的阴谋

很多常见的商品，比如大米和白菜等，它们的买家和卖家都很多，产品本身的差异也不大。因此，个人行为是无法改变整个市场的，价格完全由整个市场的供求决定。这种市场叫做完全竞争市场。在完全竞争市场中，卖家自己是无法操纵价格的。

还有一些产品就不同了。比如铁路和电力等市场，产品的提供商通常只有一个企业，这个企业就能随意调整产品的价格。电信和航空等产业也不是随便哪个人就可以白手起家说干就干的，新企业的参与和旧企业的退出都需要耗费巨大的成本，这也决定了商品的提供商必然不会很多，企业有自主定价的空间；还有衣服、手机和书报等商品，不同商品之间的差异很大，每一种产品都有它的独特性，因此这些行业也不是完全竞争，生产商也有自己定价的权利。由此引发了一个有趣的话题——如何制定价格才能让生产商的利益达到最大呢？

这里有一个两难的问题：价格定得太低，赚不到钱；价格定得太高，没人买。这是传统定价策略的一个巨大的缺陷：不管你把价格定到多少，你都觉得不好——价格再高点或许就能从某些买家手里赚到更多，价格再低点或许就能赢来一些新的买家。要是有办法给愿意高价购买的人卖贵点，给只想便宜买的人卖便宜点就好了。这种放弃统一定价，为不同消费者制定不同价格的策略就叫做“价格歧视”。

对于商家来说，最完美的情况就是拥有看透每个买家的读心术，能知晓每个人愿意支付的最高价格，并且抵着这个价格卖给他。这种为每个人“量身定价”的理想情况被称为“一级价格歧视”。在现实生活中，一级价格歧视显然是不大可能发生的。不过有一些例子却非常接近一级价格歧视。比方说小商铺中的讨价还价，最后的成交价格因人而异，这就有点一级价格歧视的味道。聪明的卖家在报价前会先问“你觉得它值多少钱”，目的就在于摸清你的心理价位。对于一些不大会砍价的人，回答卖家的这个问题几乎就是彻底暴露自己愿意支付的最高价格，于是市场上又诞生了一个悲剧的消费者。

和每个消费者讨价还价虽然很接近梦想中的一级价格歧视，但这并不能在每个行业里都办到。除了“明码标价”等政策上的原因之外，有时候还有一些更直接的原因。比方说电信业，话费和流量费就只能统一定价，与每个消费者都搞讨价还价根本不可能实施，况且消费者众多，费用信息是完全透明的。因此，商家还得绞尽脑汁想点儿别的办法来区分不同档次的消费者才行。

我们就用数据流量费来举例子吧。在 GPRS 服务出现之初，人们用 GPRS 可以干的事情并不多，因此我们假设消费者的需求都差不多。每个月 30MB 的流量对于数据流量的消费者来说已经足够了，再多了也用不上。但是，这 30MB 的流量在消费者心中的价值并不一样。对于一个饿汉来说，第一个烧饼的价值显然比第七个烧饼的价值更高。对于消费者来说，每多 1MB 流量所带来的价值也是递减的。我们假设，为了得到头一兆的流量消费者愿意出 3 元钱，但消费者只愿意再花 2.9 元获得额外的一兆，第三兆则只值 2.8 元钱，等等。我们把消费者对每单位流量的估价用图 1 所示的柱状图表示，所有竖条面积的总和就是这 30MB 的流量在消费者心目中的总价。

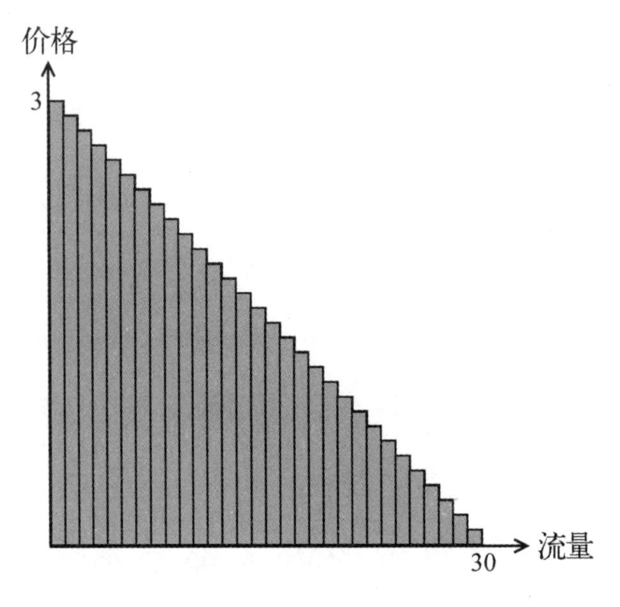

图 1

如图 2 所示，我们近似地用一条斜线来反映流量和价格之间的关系，斜线下方的三角形面积就可以看作是一个消费者为了得到 30MB 愿意支付的总价——约 45 元。

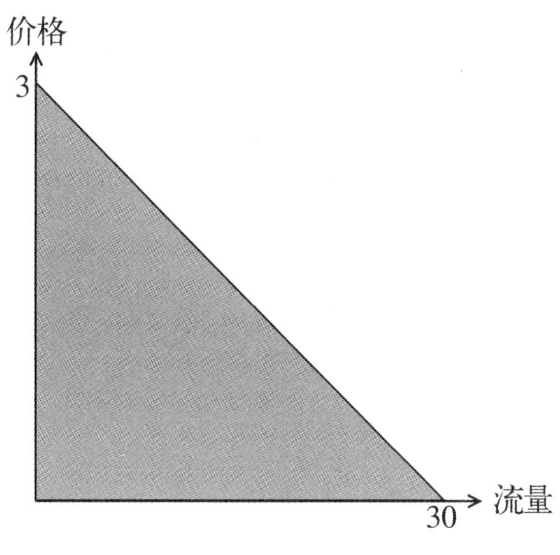

图 2

对于电信公司来说，怎样定价才能赚到更多的钱呢？和上面提到的定价困境一样，流量单价无论怎么设定都不完美。比方说，我们规定每兆的单价为 1 元，于是消费者就会打起如意算盘，算出一个让自己赚得最多的购买数量。结果就是，消费者只愿意购买 20MB，如图 3 所示，因为此时自己的获利减去实际的支出达到最大，每再多买一点就会又亏一点。这样的话，假设提供数据服务的成本为 0，服务提供商也只能赚到一个小矩形区域这么多钱（20 元），斜线下方的其他区域都被放掉了。让这个矩形面积达到最大的方法是把单价定到 1.5 元，这样可以从每个消费者手中赚 22.5 元钱，但获得的利润仍然只有斜线下方面积的 1/2。有没有办法榨干消费者的每一分钱呢？有！那就是放弃按单价收费的办法，直接推出一个 45 元 30MB 的套餐。由于每个消费者购买 30MB 的流量所愿意支付的最高价格恰好也就是 45 元，因此消费者将接受这个价格，于是服务提供商将赚到斜线下方的所有面积。取消按单价收费的办法后，消费者将别无选择，只要套餐价格没超过带给他的价值，他都会去买。为什么电信业务里总是有那么多套餐，秘密也就在这里了。

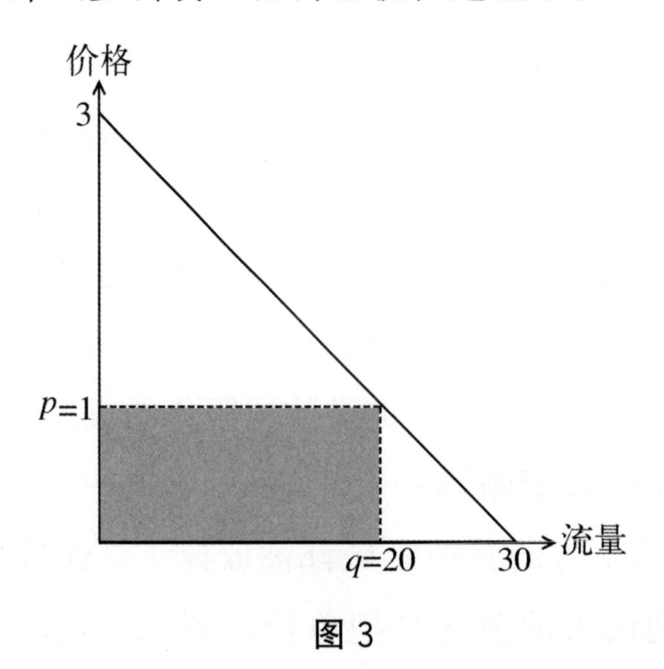

图 3

现在，有趣的问题来了。假设数据流量市场上突然出现了一类新的消费者。或许是由于这类消费者用GPRS比较频繁，或许是由于他们用GPRS的方式比较费流量，总之40MB才能满足他们的需求。他们对每单位流量的价值估算也是随着流量增多而递减的。他们愿意为头一兆流量花费4元钱，但只愿意花3.9元钱购买第二兆，依此类推。这样的话，市场上就出现了两种消费愿望不同的消费者，我们不妨把他们分别叫做“低端消费者”和“高端消费者”。

若只推出一个30MB套餐，如图4所示，则只能赚到两个面积A的钱，荒废了高端消费者的巨大潜力；若只推出40MB套餐，则只能赚到面积$A+B+C$的钱，完全无视了低端消费者的购买力。为了兼顾两类消费者，从消费者身上榨取出最多的钱，就需要放弃统一定价策略，并同时推出两种套餐：45元钱30MB，以及80元钱40MB。低端消费者愿意用面积A所代表的钱数去购买30MB，高端消费者愿意用面积$A+B+C$所代表的钱数购买40MB，因此他们都能接受为自己准备的套餐，以

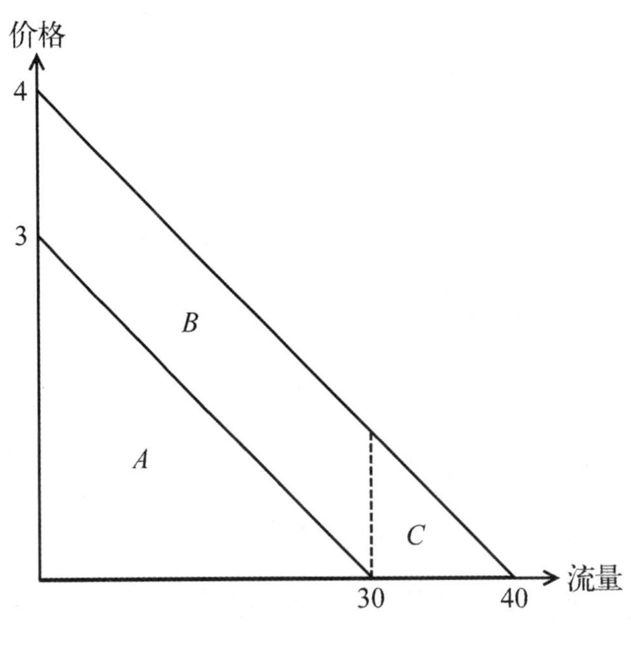

图 4

愿意支付的最高价格购买数据服务。这就是鲜活的价格歧视：给不同的消费者制定不同的价格。但此时，我们发现了一个之前不曾遇到过的问题：高端消费者可能会发现，买前一种套餐似乎更划得来——对于高端消费者来说，30MB 的价值等于面积 A 加上面积 B，但现在只需要用面积 A 就能拿到这 30MB，又何乐而不为呢？另外的 10MB 流量对高端消费者的价值只相当于区域 C 的面积，却需要在低端套餐的基础上再加上面积 $B+C$ 的钱才买得到，明显亏了很多。这就是实现价格歧视真正最困难的地方：既然不能靠讨价还价等手段区别消费者，在一个开放的市场环境中，如何阻止高端消费者模仿低端消费者去消费低端套餐呢？

为了让高端消费者自动去选择高端套餐，我们必须让高端消费者觉得，购买高端套餐要比购买低端套餐更划得来。因此，我们想到以下这种改进的定价方式。低端套餐是面积 A 购买 30MB，高端套餐是面积 $A+C$ 购买 40MB。高端消费者会发现，在购买了 30MB 的流量之后，再获得额外的 10MB 对他而言的价值相当于面积 C，恰好也就是购买 40MB 套餐的额外付出。因此，高端消费者会觉得多花一个面积 C 的金额是值得的，从而主动去选择后面那一种套餐。这样，服务提供商将从两类消费者中赚取到的总面积为 $A+A+C$。这种套餐定价虽然不能赚到消费者愿意支付的每一分钱，但它能自动把两类消费者区分开来，让每类消费者都会自动选择适合他的套餐，实现了消费者的区别对待，从而赚到比统一定价更多的钱。我们把这种给不同量的商品制定不同的价格，得以让高端消费者自动选择高价位商品的定价策略叫做“二级价格歧视”。这样的例子在生活中很多见。“一件 30 元两件 50 元”和“量大从优”的价格策略本质上都是二级价格歧视的典型例子。

有趣的是，上面这种套餐设置还不是最好的，它还能继续改进。由于高端消费者愿意花费的钱更多一些，我们可以想办法拉大高端套餐和低端套餐的差距，从而向高端消费者收取更高的费用。例如，按照图 5 设置两个套餐，面积 A' 购买 x 兆，面积 $A'+D+E+C$ 购买 40MB。低端消费者会发现他购买前 x 兆愿意支付的钱正好也就是面积 A'，因此愿意接受前一个套餐；高端消费者发现把流量扩充到 40MB 愿意多支付的钱正好也就是面积 $D+E+C$，因此会购买 40MB 套餐。这时，服务提供商赚到的为一个 A' 的面积，加上 $A'+D+E+C$ 的面积，和原来相比少赚了一个 D 的面积，但多赚到了一个 E 的面积。由于区域 E 要比区域 D 大一些，因此这个套餐比原来更好。

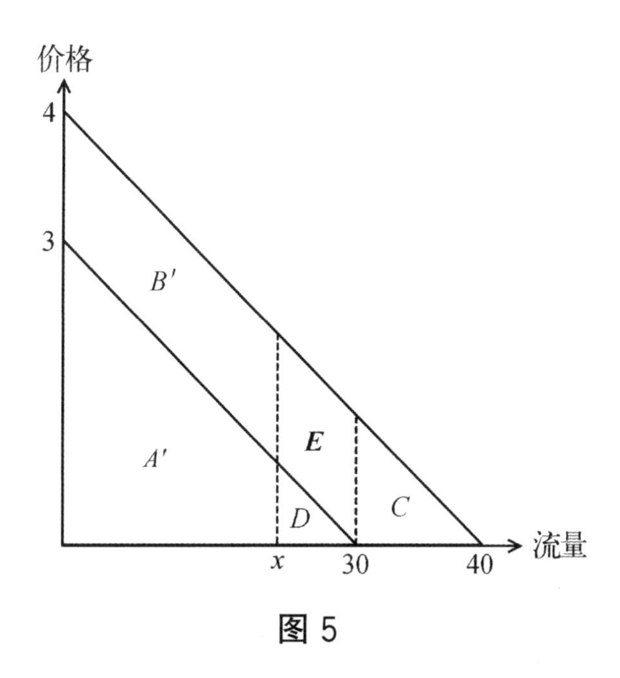

图 5

x 到底取多少才能达到最优呢？注意，只要 D 区域的左边界比 E 区域的左边界更短，把 x 的值减小一点总能保证面积 E 的变化量大于面积 D 的变化量。当 $x=20$ 时，D、E 两块区域的左边界一样长了，低端套餐的低端化也就到了极限。因此，如图 6 所示，在这个例子中，最终的二级价格歧视策略是设定 20MB 和 40MB 两个套餐，它们的价格分别为面积 A' 和面积 $A'+D+E+C$ 所代表的钱数。

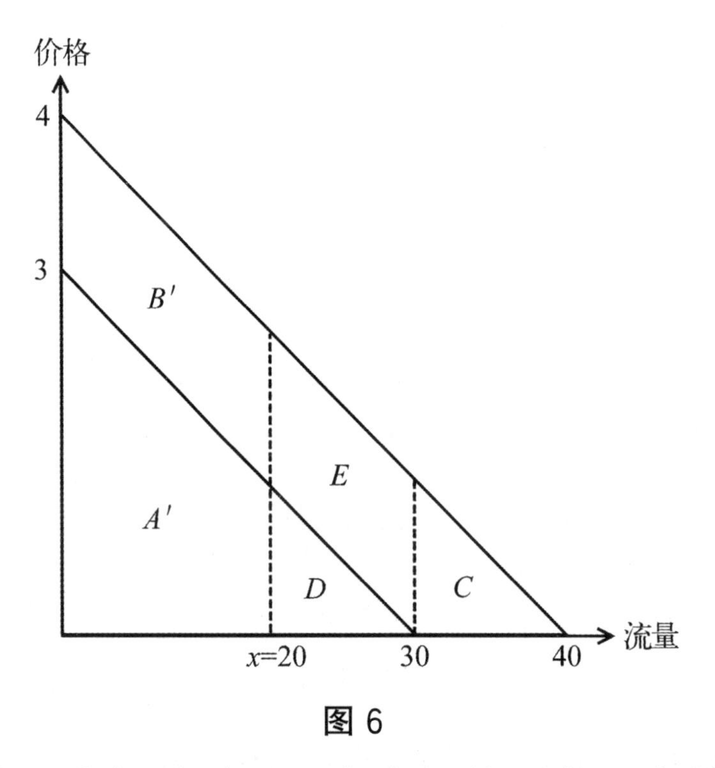

图 6

这里我们看到了一个有趣的现象：让低端产品更低端，反而会增大生产商的收益。只需要注意到例子中的横轴不一定总是代表商品的数量，它也可以用来表示商品的质量，我们就会发现二级价格歧视理论可以解释生活中很多奇怪的现象。联邦快递服务表面上有次日到达、隔日到达、普通到达三种，但显然普通到达的快递并不是真的需要更长的运输时间才能到。在同一天寄出的快递，即使选用了不同的服务，它们显然也都是在同一天到仓库的。只是，隔日到达的快递会在仓库里多囤一天，普通到达的快递则会被搁置更久。有人会想，这不是有毛病吗？为什么明明今天就能送到的东西非要明天才送到？事实上，这种看似很不合理的做法正是前面所说的二级价格歧视。快递公司人为地把快递服务分成了三种不同的档次，有意设置低端服务，从而让消费者根据自己的消费水平对号入座。轮船的四等舱又脏又臭，很多乘客都抱怨，明明只需要很小的成本就能稍微改善一下四等舱的环境，为什么不这么做呢？其实，这也是价格歧视的需要。为了区分出不同档次的产品，商家有意设置了一个低端消费品，供那些支付意愿较低的人购买。

二级价格歧视还有一些更匪夷所思的例子。为了实现价格歧视，产品研发部门有时会面对一些看似不可理喻的设计需求——IBM 研发打印机时曾经专门研发过一种可以减慢打印速度的部件。超市新进一批货物后，往往会举办特卖会贱价销售运输过程中有所损坏的商品。每次运输中真的都会产生那么多不小心受损的东西吗？有人惊奇地发现，这些号称是运输中撞伤的商品竟然都是到货之后商家自己用锤子砸坏的！有了价格歧视理论，生活中的很多怪现象都有了合理的解释。

除了用不同档次的商品来区分消费者，有时候商家还有其他办法直接区分出消费水平不同的买家。如果商家能够成功区别出不同档次的消费者，无需拐弯抹角，直接就给他们提供不同的价格，这就叫做“三级价格歧视”。游乐园门票、电影票和火车票等商品不大能分出个一等二等，因此二级价格歧视在这儿没有什么用武之地。不过，商家仍然能够想出区别定价的奇招：持有学生证可以享受优惠。由于学生群体消费水平较低，而借助学生证又能轻易将这类消费者区别开来，因此商家可以直接给这一类人提供优惠价，从而既能保证榨取高端消费人群，又不至于损失了低端消费人群。同一件商品在不同省市的价格不同，高速公路对不同车型收取不同的费用，这些都是最典型的三级价格歧视。

当然，还有一些非典型的、很隐蔽的三级价格歧视。商家经常在暗中布置好一盘棋，根据你的行为来分辨你的消费档次。在很多商场、餐厅或者酒店，获取更低折扣的办法竟然就是简单地问一句“打折吗”。别小看这个小细节，问不问这一句话很大程度上就反映出了买家的消费水平。按照这个行为细节把消费者分为两个档次，给他们提供不同的价格，兼顾不同消费人群，这就是相当隐蔽的三级价格歧视策略。电子商务网站也能根据用户操作区别出不同的消费人群。一些狡诈的网站可能会在用户点击“按价格从高到低排序”后有意给出更高的价格，目的就是从高端消费者那里赚到更多的钱。

还有一些更隐蔽的三级价格歧视。优惠券的印刷和发放都需要耗费不少的成本，那麦当劳为什么不直接在餐厅提供折扣，而偏偏要用优惠券的方式提供折扣呢？其实，提供优惠券就是一个非常隐蔽的三级价格歧视。据说，拿到优惠券的人当中，只有30％的人会有意把它留下来供以后使用，另外70％的人不是放着放着就弄丢了，就是放着放着就过期了，甚至有很多人拿到优惠券就直接扔掉了。

根据这一点，消费者就自动分为了两个群体。这样，商家便能从高端消费者手中榨取到更多的钱，并为那些对价格很敏感的低端消费者提供优惠价。在国外买很多电子产品时，有一种价格优惠策略叫做“邮寄回扣”，就是说买完东西后把收据、反馈卡、回扣申请表等物品整理好并寄回厂家，厂家就会以支票的形式返赠多少多少钱。返赠的金额少则几十元，多则一百多元，对消费者来说无疑是一个巨大的诱惑。但事实上，申请回扣是一件很麻烦的事情，需要寄回厂家的东西少了任何一样都不行。因此，回了家后真正认真整理回扣申请资料的人并不多，很多人要不就是嫌手续麻烦不弄了，要不就是放着放着就忘了。只有对价格特别敏感，真正在乎回扣的消费者才会花精力去申请回扣。高端消费者和低端消费者就这样区别开了。

为了榨干消费者的每一分钱，除了价格歧视以外，商家还想出了各种招数。一种看上去似乎与此无关的定价策略叫做“两部分定价”。游乐园、酒吧之类的地方广泛存在两部分定价的现象，即在消费者消费之前必须先一次性支付一定数量的“入场费”，入场之后才可以按单价支付你所消费的商品。为什么商家要把费用分成这么两层呢？其实，根本目的还是在于从消费者手中赚到更多的钱。

为了说明为什么两部分定价能赚到更多，我们不妨以游乐园来举例。为了简便起见，我们假设游乐园里只有一个游乐项目，比方说过山车。去游乐园的人只有一个目的，就是去玩过山车。不过，过山车老玩也没意思，随着玩的次数增加，游客获得的“爽感”将逐渐减小，具体地说，第 n 次坐过山车只能给他带来相当于 $100-10n$ 元的价值（这也就是他第 n 次乘坐过山车愿意支付的最高价格）。我们再假设，运营过山车的成本是平均每人次 60 元。那么，游乐园应该怎样定价才能从消费者手中赚到最多的钱呢？

首先注意到，传统定价策略依旧有前面已经讨论过的缺陷——无论怎么也不能赚到消费者愿意支付的全部金额。例如，把价格定到 p，则消费者只愿意玩 q 次过山车（再玩的话还能获得的收益就不抵还需支付的费用了)，他需要支付的就是图 7 中面积 $A+C$ 所代表的金额。而面积 C 是运行 q 次过山车的成本，因此商家最终只能赚到一个面积 A 的钱。而事实上，为了坐这 q 次过山车，消费者愿意支付的价格是面积 $A+C$ 再加上 A 上方的一个小三角形 F，那块面积 F 怎么能白白便宜了消费者呢？于是，商家想到，何不把那块小三角形面积以“门票”的形式一次性收入囊中呢？

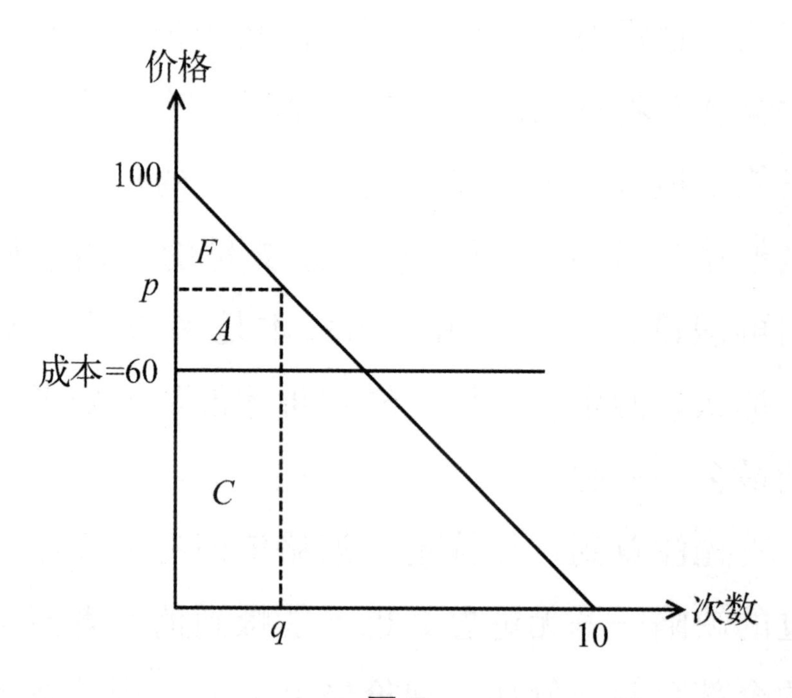

图 7

于是，我们有了收费的新方法：坐一次过山车的单价仍然是 p，但不管你坐多少次，你都需要事先缴纳面积 F 那么多钱作为门票。这样，你总共支付的价格就是面积 $A+C+F$，除去成本 C 后，商家赚到的部分就是面积 $A+F$。这就比刚才的定价方法多赚了一个三角形 F 的面积。

然而，这种方法仍然不是最好的。为了继续赚到区域 A 右边的那块面积，商家还可以降低过山车单价，让消费者再多坐几次过山车。最佳的两部分定价方案就是，把过山车的单价定得和成本一样，然后直接收取图 8 中成本线以上的整个大三角形面积 F' 的门票费。这样，消费者愿意坐 q' 次过山车，总共支付 $F'+C'$ 的钱，除去成本后商家净赚 F'，理论上把消费者榨取得一干二净。

细心观察你会发现，在生活中，两部分定价的例子还有很多。会员入会费、信用卡年费、手机月租费都属于两部分定价的典型例子。

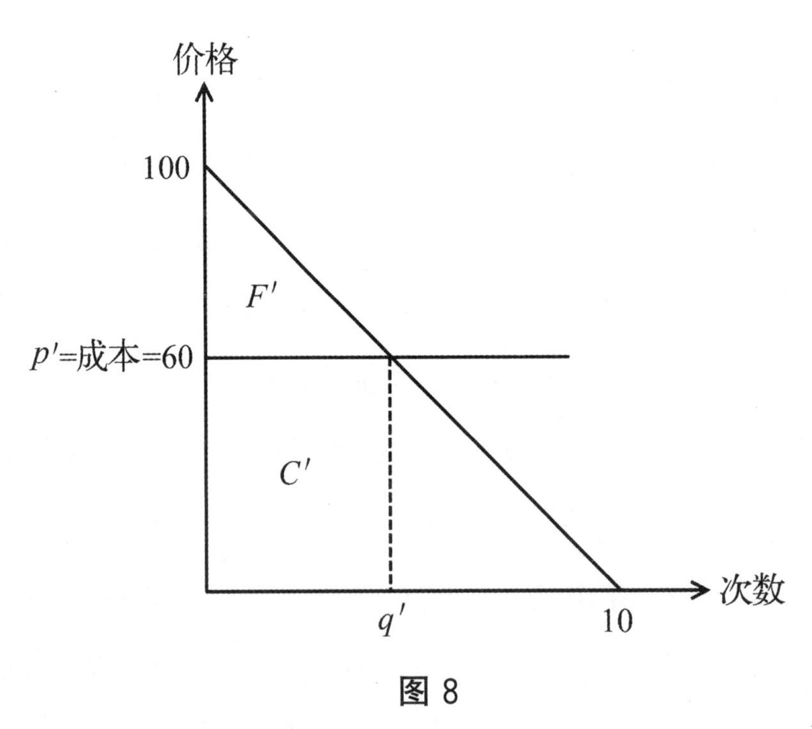

图 8

另一个常见的定价技巧叫做捆绑销售。例如，购买电视频道时，你会发现很多电视频道都不单卖，你必须和其他的频道一起买才行。这就有些奇怪了：为什么不简单地按需求给每个频道订个价，而偏要费尽周折设计那么多频道包呢？难道打包卖会赚得更多一些吗？事实上还真是这样——捆绑销售会使得商家获得更高的利润。不论商家的行为如何诡异，其动机都是唯一的——赚尽可能多的钱。

为了解释这一现象，我们不妨从最简单的情况说起。假设有甲和乙两个人，以及A和B两个频道。甲愿意以120元购买A频道，愿意以30元购买B频道；乙只愿意以100元购买A频道，却愿意用40元购买B频道。如果对A和B两个频道分别定价，则显然应该为A频道定价100元，给B频道定价30元，此时商家收入260元。但若把A和B两个频道捆绑在一起销售，则可以给这个包定价140元，这能让商家收入280元。可见，捆绑销售确实能够给商家带来更多的利润。

但捆绑销售不见得总有效。如果把上面的数据稍稍更改一下，甲对两个频道的估值分别为120和40，乙对两个频道的估值分别为100和30，则单独定价和捆绑销售都只能收入260元，这之间并无差异。由此可见，不是随便两样东西捆绑起来就能带给商家更多利润，这背后还隐藏有一些条件。

仔细观察你会发现核心问题所在——若捆绑销售能让商家赚更多，则一定是出现了这样的情况：这些频道的最低估价来自不同的买家，即买家对频道的评价不能是“都很好”或者“都不好”，对两个频道的评价呈现负相关。换句话说，对于某一系列商品，若消费者往往只偏爱其中一个，并且不同人的偏爱不同，则捆绑销售可以带来更多的利润。最经典的例子就是微软办公套件——为什么要把 Word、Excel、PowerPoint 捆绑销售，而不单卖呢？原因就在于，一个普通消费者并不会用到里面所有的软件，不同人对这几款软件的评价不同。虽然很多人觉得 Word 是最常用的，但财务人员会觉得 Excel 更加有用，而教师则觉得 PowerPoint 的价值更高。在这种情形下，捆绑销售将让商家赚更多的钱。重庆数字电视的特选节目包包含 FOXTV、世界地理、发现之旅、第一剧场、风云音乐、英语辅导、风云足球和老故事这 8 个频道，频道内容覆盖面很宽，基本上满足上述条件。影剧院和游乐园的套票，颜色和款式不同但不单卖的成套商品，都是典型的捆绑销售。

细心观察，你会发现生活中还有很多令人匪夷所思的定价策略，其实它们都是有企图有预谋的。维基百科上的“pricing strategies”条目中列举了

20 多种定价策略。如果每一个都用微观经济学来解释一番的话，估计又能写成一本书了。不过，上面这些例子就已经足以印证那句老话了：买的不如卖的精。

8. 公用品的悲剧

公用品悲剧是微观经济学中又一个非常有趣的话题。从一些简单的假设出发，通过一系列数学推导，我们能够得出一些乍看之下很不可思议的结论。利用这个结论，生活中很多反常的现象都有了合理的解释。

一个经典的公用品悲剧实例就是过度放牧的问题。同样一块牧场，如果为私人所有，牧场主将会非常合理地规划牧场，让放牧数量达到一个理论上的最优值；但是，如果这是一块公共牧场，则所有人都会争抢放牧，从而导致放牧数量远远大于最优值，最终每个人都得不到什么好处。可能有人会觉得这个现象并不难理解——既然是一块无人管制任人使用的公共牧场，人人都能在这里放牧，过度放牧自然就会不可避免地出现了。但是，仔细一想你会发现这个解释是有问题的：每一个来牧场放牧的人，自己心里也都知道，过度放牧对整个大局是不利的，自己的收益也会随之降低。既然人人都知道过度放牧不好，为什么最后来放牧的人还是越来越多呢？私有牧场和公共牧场的区别到底在哪儿？我们可以借助数学工具来分析这个问题。

为了用数字来说明这一情况，我们首先做一些假设。我们假定牧场只放奶牛，收益也全部来自牛奶供应。显然，牧场的总收益与放牧数量之间的关系是一个单峰函数——牧场上没有牛时总收益为 0，牛的数量超过牧场的最大容量后总收益也为 0，在这之间一定存在一个平衡点使得总收益达到最大。为此，我们无妨假设总收益 y 与放牛数量 x 满足

$y=x(100-x)$ 的关系，即当牧场上的牛数为 0 或者为 100 时整个牧场都不会有任何收益，而 $x=50$ 时牧场的总收益将会达到最大。我们再假设，购买一头牛的成本为 c，拥有奶牛之后放牧的成本则忽略不计。接下来，我们将求出该牧场在公有和私有两种情况下最终达到的放牧数量，大家将会看到开放牧场后确实将导致放牧数量远远超过最佳水平。

如果这是一块私有牧场，牧场主会选择放多少头牛呢？很多人可能会脱口而出，当然是 50 头牛，因为 $x=50$ 时收益达到最大值。但请注意，牧场主想要最大化的并不是他的收入，而是减去成本后所得的利润 $x(100-x)-cx$。对这个式子求导，就能得到利润最大化的条件：$100-2x-c=0$。解出这个式子中的 x，就得到牧场中的最佳牛数 $x=\dfrac{100-c}{2}$。

从另一个角度来看，上述结论也是很显然的：$100-2x$ 恰好就是 $x(100-x)$ 的导数，是增加第 x 头牛给人带来的收入增加量。如果这个增加量比 c 大，那么买入一头新的牛显然划算；什么时候这个增加量

比 c 小了，再买牛来放就要亏本了。因此，临界点 $100-2x=c$ 正好就是牛的数量达到最优的时候。

但是，一旦整个牧场变为公有，上述推理就不对了，因为单个放牧人并不关心整个牧场的利润，只在乎自己的盈亏。为了简便起见，我们假设牧场上有 x 个放牧人，每个人都只放 1 头牛。那么，牧场的总收入将为 $x(100-x)$，每个人得到的收入为 $\frac{x(100-x)}{x}=100-x$。因此，当牧场上有 $x-1$ 头牛时，对这块蛋糕垂涎已久的人会发现，他作为第 x 个放牧人进入牧场后，能够分得的收入为 $100-x$，只要这个值比 c 大，这样做就是值得的。随着进入牧场的人数增多，新加入的放牧人会发现他所能赚到的越来越少。最终当 $100-x=c$ 时，便不会再有人想要进入该牧场了。此时的总体情况惨不忍睹——每个放牧人所得的收入都是 c，可以说是一分钱也赚不到。

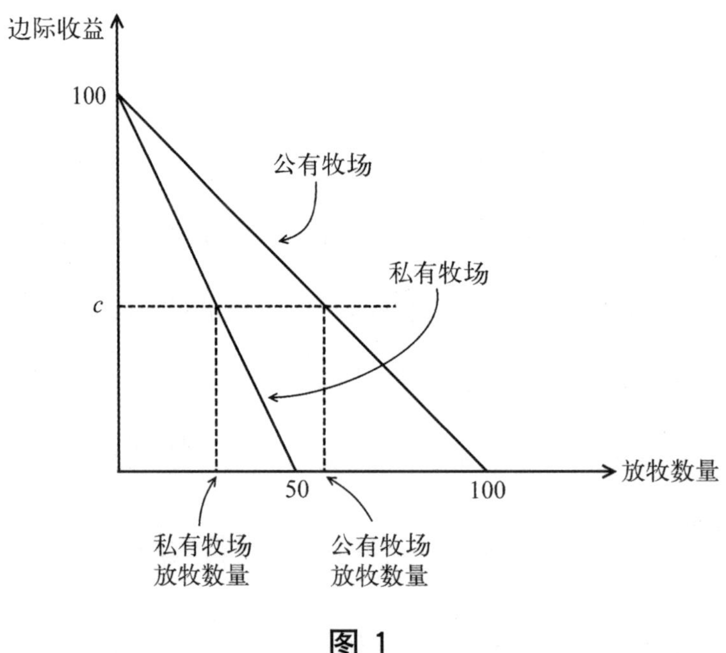

图 1

为什么同样都是为了自己的利益最大化，公有牧场和私有牧场的差别那么大呢？根本原因就在于，在公有牧场中，每个人都能自由地进出该牧场，每个人都拥有在牧场放牧的权利。只要一个新来的放牧人发现自己有钱赚，他就会选择买牛放牧，而并不关心这样做其实会导致每个已经在牧场上的放牧人都要少赚一些。但是，选择在这里放牧是这个放牧人的权利，原来的放牧人没有理由驱逐他。随着新人不断加入，每个人都会赚得越来越少，最后大家的利润就将趋于0，悲剧也就产生了。

不仅仅是公共牧场，事实上“公用品悲剧”发生在几乎所有的公共资源上。例如，人人都知道污染环境损人损己，最后弄得每个人都活不下去，但为什么大家仍然“亡了命”似地破坏自然资源呢？原因就在于，对于某一个企业来说，直接排放污水废气给它带来了一个正的收益，但这却给其他的每个企业都造成了损失。每个决定要污染环境的企业都这么想，这样做的人便会越来越多，整个社会的损失也就越来越大。

公用品悲剧还会涉及很多非自然资源的公用品。例如，每个人都知道公交车挤着不舒服，但为什么最终车上还是这么挤呢？这就是因为，对于每个车下面的人来说，只要能上车，他就已经得到了好处，完全无视这一举措会使车上的每个人都受到一点损失。每个车下的人都这样想，悲剧也就发生了。

公用品悲剧的理论还有很多更奇怪的应用。很多时候，交通堵塞的原因是前方路段发生车祸，但事实上前方发生的仅仅是某辆车撞上了护栏，车祸根本没有挡住道路。为什么最终还是堵车了呢？原来，每辆开到车祸现场的车，都会减慢速度看看热闹，甚至停下来掏出手机照下这一“杰作”。这样做虽然满足了自己的好奇心，却让后面的每一辆车都多堵上好几秒。因此大家往往会发现这样一个有趣的现象：车祸越离奇，交通堵塞越厉害。另一个经典而有趣的应用是，为什么在餐桌上，实行 AA 制的总消费要比某一个人请客的总消费高出许多。原因就在于，在实行 AA 制后，每个点菜的人都会想，原来需要一百多块钱才能吃到的美味，这次只需要花二三十块钱便能享受到了。这样，虽然自己得到了满足，却让每个人都为你多付了一些钱。

9. 密码学与协议

说到“密码学”，大多数人的第一念头或许是摩尔斯（Morse）电码、凯撒（Caesar）移位密码以及同音替换密码之类的东西。这些东西在各类小说中都已是老面孔了，“字母 e 在英文中出现的频率最高”等基本的破密码方法已经是耳熟能详了。某次和网友云风[1]聊了一下，突然领会到了密码学的

① 云风的博客地址为 http://codingnow.com。

真谛。密码学关注更多的并不是加密解密的各种数学算法，而是在已有数学算法上如何实现各种安全需求。防止消息泄露只是众多安全问题中的冰山一角，而这个问题本身又有很多复杂的变化。

谈到“消息泄露”时，我们头脑中想到的往往是，在信息传输过程中如何防止第三方截获。当然，小偷防是防不住的，不过我能保证他偷到东西也没用。双方只需要事先约定一套加密解密的方法，以密文的方式进行传输，这样便能很好地防止消息泄露。但有时候，“消息泄露”的内涵复杂得多，加密解密的传统方法并不适用。考虑这么一个问题：10 个人坐在一起谈天，突然他们想知道他们的平均年薪是多少，但每个人都不愿意透露自己的工资数额。有没有什么办法让他们能够得出答案，并且不用担心自己的年薪被曝光？事实上，最简单的解决办法不需要依赖任何密码学知识：第一个人随便想一个大数，比如 880 516。然后他在纸条上写下这个数与自己的年薪之和，传给第二个人；第二个人再在这个数上加上他的年薪数额，写在另一张纸条上传给第三个人；直到最后一个人把纸条传回第一个人后，第一个人把纸条上的数减去只有自己知道的那个 880 516，便得到了全部 10 个人的工资和。

可以看到，密码学不仅仅研究加密解密的数学算法。更多的时候，密码学研究保护信息安全的策略，我们可以称之为“协议”。在已有的数学模型基础上，我们往往忽略具体的数学实现方法，转而专注地研究借助这些数学工具能够构建的安全措施。除了消息保密性以外，密码学还研究一些更加有趣的问题。这里，就让我们一起来看四个有意思的密码学协议问题吧。

首先我们来看一个日常生活中大家经常会遇到的密码学协议问题——签合同。签署合同会具备法律效应，人们往往不敢随意签名。合同一般同时规定了双方的权利和义务，并需要双方都在上面签名。第一个在上面签字的人就会觉得很亏：万一我签了字后对方突然翻脸要赖不签了咋办？即使合同上规定“合同仅在双方均签署之后才有效”，这个问题仍然存在，因为后签名者将具有绝对的主动权，他想什么时候签就什么时候签，而只有他的签名才具有决定意义。因此很多时候，双方都希望能够在对方签名之后自己再签名，从而获得一些安全感。这里我们来探讨一个有趣的问题：有没有什么办法能够让双方同时签约，使得双方签名时都能确保自己的利益安全？

如果我们谈论的是传统意义上的签名，同时签名当然是有可能办到的：双方只需要拿起各自的笔，同时在文件上写下自己的名字即可。当然，事实上肯定不会有人这么做。试想这样一个荒唐的画面：两个西装笔挺的人挤在一起，两只手臂磕磕碰碰地交错在一起，然后双方同时喊“三、二、一”并一起开始写字……比起自己丢掉的脸面，自己先签名所带来的忧虑似乎也不算什么了。

有没有体面一些的、不那么荒唐的同时签字法呢？这里有一个很有启发性的办法。合同双方面对面地坐在桌子的两端。其中一个人在合同上写下自己名字的第一个字母，然后传给坐在对面的第二个人；第二个人写下他自己名字的第一个字母，然后又递回给第一个人；第一个人签下自己名字的第二个字母，再交给对方要求他写下他的名字的第二个字母……以此类推，直到双方都签署完自己的名字为止。为了让双方能够“同时”签完，名字较长的人偶尔可能需要连续写下两三个字母。换成汉字的话，这个方法同样适用——把字母改成笔画就行了。

双方都愿意履行这一协议，因为在这个协议下双方是一点一点地签完整个文件的。第一个写字的人不会觉得自己很亏，因为写下一个字母是远不具备法律效应的；如果对方拒绝签他的第一个字母，我可以当即撕毁合同。虽然他们都不知道究竟要写多少个字母才算签字，但大家都保持自己签下的名字长度与对方基本相当，因此不会担心对方突然放弃协议。就在这种互动的心理过程中，签名的法律效应一点一点地增强，直到最后双方写完自己的名字。

但是，这个办法不能用于数字签名。利用电子加密算法进行签名是一个整体的过程，不能一部分一部分地进行。能不能把合同拆成若干份，然后双方一份一份地逐个签名呢？当然不行。如果某一份合同里有一个至关重要的义务性条款，后签名的人等对方签到这里后便可以立即终止签名，从而谋取利益。那么，能不能规定“仅当你把所有 n 个部分的文件都签过了才算签”呢？这意味着最后一次签名才具有最终的决定意义，说穿了不过是把安全问题转移到了“谁签最后这一下”，问题实质上并未改变。其实，我们的解决办法相当简单。我们可以耍一个小花招，从本质上模拟上面的“逐字母签名法”。

首先，第一个人签署这样一份文件：“我愿意以1%的概率接受该合同。”第二个人检查第一个人的签名，然后在上面附加一句“我愿意以 2%的概率接受这份合同”，并进行签名，再交回给第一个人。第一个人检查对方已经签名，然后继续将这个条文升级为“我愿意以 3%的概率签署该合同”并签名。双方来来回回签 100 次，直到最后第一个人签“我愿意以 99%的概率签署这份合同”，然后轮到第二个人签署“我接受该合同”，最后再轮到第一个人签署“我接受该合同”。

注意，这个“接受概率”是有实际意义的。如果在第一个人第一次签完文件后，第二个人立即放弃继续签署，法官可能会要求双方进行一次公开抽签测试，选取一个不超过 100 的正整数。如果这个数恰好为 1，那么签署这句话的人就相当于签署了这份合同。类似地，我们也可以约定，当一人声称将以百分之（$p-1$）的概率接受此合同，另一人声明以百分之 p 的概率接受时，法官可以要求双方共同生成一个在 1 和 100 之间的整数：如果它不超过（$p-1$）则双方都接受，如果它的值比 p 大则双方都不接受，若它的值正好等于 p 则合同仅被后者接受。因此，这种协议实质上是用概率法再现了“逐字母签名法”的核心思想，将法律效应的问题进行量化，使得率先签名的潜在危险减小到了原来的百分之一。

合同签署的问题就说到这里了。让我们再来看另外一个有趣的协议问题。设想这样一个场景：

总部打算把一份秘密文件发送给 5 名特工，但直接把文件原封不动地发给每个人，很难保障安全性。万一有特工背叛或者被捕，把秘密泄露给了敌人怎么办？于是就有了电影和小说中经常出现的情节：把绝密文件拆成 5 份，5 名特工各自只持有文件的 $\frac{1}{5}$。不过，原来的问题并没有彻底解决，我们只能祈祷坏人窃取到的并不是最关键的文件片段。因此，更好的做法是对原文件进行加密，每名特工只持有密码的 $\frac{1}{5}$，这 5 名特工需要同时在场才能获取文件全文。但这也有一个隐患：如果真的有特工被抓了，当坏人们发现只拿到其中一份密码没有任何用处的同时，特工们也会因为少一份密码无法解开全文而烦恼。此时，你或许会想，是否有什么办法能够让特工们仍然可以恢复原文，即使一部分特工被抓住了？换句话说，有没有什么密文发布方式，使得只要 5 个人中半数以上的人在场就可以解开绝密文件？这样的话，坏人只有操纵半数以上的特工才可能对秘密文件造成实质性的影响。这种秘密共享方式被称为（3，5）门限方案，意即5个人中至少3人在场才能解开密文。

实现（m，n）门限方案的一个传统办法是，把这份文件的密码拆成C_n^{m-1}份，每个人持有C_{n-1}^{m-1}份密码。不妨假设文件的密码是一个100位数，那么在（3，5）门限方案中，我们需要把这个密码拆成$C_5^2=10$份，每份密码都是一个10位数。不妨把这10份密码分别用0到9编号，把每份密码都额外复制两份。5名特工各持有6份密码，密码的分配如下：

特工＃1	0	1	2	3	4	5				
特工＃2	0	1	2				6	7	8	
特工＃3	0			3	4		6	7		9
特工＃4		1		3		5	6		8	9
特工＃5			2		4	5		7	8	9

你可以自己验证一下：任意3名特工碰头，都能凑齐这10份密码；但任意2名特工碰头，都无

法凑齐所有的密码。

上述分配表的构造其实很简单：给每个可能的“三人组”分配一份密码。从 5 个特工中选出 3 个人共有 10 种方案，因此我们正好要 10 份密码。例如把密码 0 分给特工 1、2、3，把密码 1 分给特工 1、2、4，一直到把密码 9 分给特工 3、4、5。这样的话，任意 2 个人在场都无法打开文件，因为他们始终缺少一份密码（这份密码分给了其余 3 个人）。而任意 3 个人在场都足以打开文件，因为每一份密码都只缺少 2 个人的量，不可能出现这 3 个人都没有的情况。这样，我们便利用组合数学巧妙地解决了这一问题。

在密码学中，我们有一些更精妙的方案。最巧妙的方法是，把文件密码编码为三维空间中的一个点，然后生成 5 个过该点的平面，每个特工持有其中一个平面方程。显然，2 个特工在一起是无法获得原文件的，因为 2 个平面的公共点有无穷多个；但 3 个平面的交点是唯一的，因此任意 3 个人在一起都能解开原文件。

另一个有趣的办法利用了下面这个事实：知道 $m-1$ 次多项式函数上的任意 m 个点就能恢复出整个多项式。因此，我们可以把文件密码编码为一个二次多项式 $f(x)$，然后把 $f(1)$、$f(2)$、$f(3)$、$f(4)$ 和 $f(5)$ 的值告诉对应的特工。任意 3 个特工碰头之后，只需要解出这个多项式 $f(x)$ 即可恢复出文件的密码来。

上述两种方案的本质都是相同的：把文件密码设为 3 个数 x、y、z，然后编写 5 个与 x、y、z 有关的一次方程，并把这 5 个方程分别交给 5 名特工。假如文件的密码是 116.35、39.975、67.167 这 3 个数，只有同时输入这 3 个数，才能解开原文件。那么，我们就用这 3 个数编写五个三元一次方程：

$$3.4x+5.6y-2.81z=430.711$$

$$x-2.11y+0.09z=38.0478$$

$$7x+9.9y-0.1z=1203.49$$

$$-0.3x+2.24y+5.6z=430.774$$

$$3x+4.5y+6.67z=976.941$$

其中 $x=116.35$、$y=39.975$、$z=67.167$ 是它们的公共解。但是，要想确定出这个公共解，只有 1 个方程或者 2 个方程是不够的。事实上，至少需要 3 个方程，才能保证三元一次方程组存在唯一解。因此，至少需要 3 个人在场，才能获得秘密文件的密码。

利用数论知识我们还能得到一个简单的协议。中国剩余定理告诉我们，给出 m 个两两互质的整数，它们的乘积为 P；假设有一个大整数 M，如果我们已知 M 分别除以这 m 个数所得的余数，那么在 0 到 $P-1$ 的范围内可以唯一地确定这个 M。我们可以想办法构造这样一种情况，n 个数之中任意 m 个的乘积都比 M 大，但是任意 $m-1$ 个数的乘积就比 M 小。这样，任意 m 个除数就能唯一地确定 M，但 $m-1$ 个数就不足以求出 M 来。米尼奥（Mignotte）门限方案就用到了这样一个思路。我们选取 n 个两两互质的数，使得最小的 m 个数的乘积比最大的 $m-1$ 个数的乘积还大。例如，在（3，5）门限方案中，我们可以取 53、59、64、67、

71 这 5 个数，前面 3 个数乘起来得 200 128，而后面两个数相乘才得 4757。我们把文件的密码设为一个 4757 和 200 128 之间的整数，比如 123 456 。分别算出 123 456 除以上面那 5 个数的余数，得到 19、28、0、42、58。显然，知道任意 3 个同余方程就可以唯一地确定出 123 456，但仅知道 2 个方程只能得到成百上千个不定解。例如，假设我们知道了 x 除以 59 余 28，也知道了 x 除以 67 余 42，那么我们只能确定在 0 和 $59\times67-1$ 之间的解 913，并且只能断定 M 是一个形如 $59\times67\times k+913$ 的数，其中 k 的数量级和当初选的那五个数一样大。

我们的第三个协议问题就更有意思了。3 个好朋友到一家餐厅吃饭。饭快吃完的时候，一个服务员过来告诉他们说，他们的账单已被匿名支付了。3 个人都尊重他人匿名付款的权利，但同时他们也想知道，这个匿名支付者是他们三位中的一个，还是他们三人之外的某个第四者。有没有什么办法能够让他们知道在他们中间是否有人付账，但又保证任何人都推测不出究竟是谁付的账？利用 3 枚硬币就能轻易做到这一点。

假设这 3 个人围着一张圆桌坐成一圈。每个人都在自己和右手边那个人中间抛掷一枚硬币，并用另一只手挡住硬币，使得这枚硬币只有他俩才看得见。这样的话，每个人都只能看见他左右的两枚硬币（但看不见桌子对面的第三枚硬币）。每个人都大声报出，自己身边的两枚硬币的正反面是否相同。如果他们中间有人付账，则这个人报出与实际情况相反的词，相同的话说“不同”，不同的话则说“相同”。显然，如果大家说的都是真话，则报“不同”的次数一定是偶数次。如果有奇数个人说“不同”，那么一定有一个人说假话，这表明匿名支付账单的人就在他们中间。

注意到这个方案可以扩展到 n 个人。我们只需要证明，假如有 n 个人坐成一圈，如果大家都说真话，则说“不同”的次数一定是偶数次。证明非常简单。想象你从某一枚硬币出发，顺时针查看每一枚硬币的正反，得到一个硬币正反序列。每当这个序列由正变反或者由反变正时，就相当于有一处

“不同”的情况发生。然而，当你绕着圆桌走完一圈，回到出发点时，硬币序列又变回了出发时的正反。因此，途中发生的“不同”次数一定是偶数次。

其实，抛掷硬币只是一个形象的描述方法罢了。在没有硬币，甚至大家根本没坐在一起的情况下，这个协议也很容易实施。比方说，先在网上公布整个协议规则，并约定一个虚拟的座位顺序；然后每个人都在 1 和 2 之间想一个数，并把结果以短信的形式发给他右边的那个人；最后每个人都按照协议规则，在网上发一个“相同”或者“不同”。

这个协议有一个意想不到的用途——匿名的消息广播。假如一群人围坐成一圈开会，会议过程中需要在场的一个不愿透露自己身份的人进行匿名发言。为此，大家可以统一采用上面的抛硬币协议（或者对应的电子协议，只是为了简便，下面还是采用抛硬币的说法）。发言人将信息编码为一个长度为 n 的 01 串。硬币投掷分 n 轮进行。第 i 轮中，其他人都严格按照实际情况报是否相同，发言人则

根据编码信息的第 i 位的值来通报：若第 i 位为 0，则按照实际情况通报；若第 i 位为 1，则说与实际情况相反的词。这样，实际的信息就应该是每轮叫“不同”的次数除以 2 的余数形成的序列。

我们把最有意思的话题放在了最后。现在，假如你碰到了一个宣称可以预知未来的人，他说他知道下周的彩票中奖号码。你肯定不会相信，便用激将法让他说出下周的中奖号码：“你说出来啊，你要是说不出来，那就表明你不能预测未来。”不过，他却一本正经地说：“不行，我虽然能预测未来，但不能把它说出来，否则会产生蝴蝶效应，改变这个宇宙既定的将来，导致危险的时空悖论。”

哈哈，这个“先知”真是天才呀！能预言未来却不能说出来，这样就永远不能证伪了。

不过，治他的方法也不是没有。比方说，可以叫他把预测结果写在一张纸上，锁进一个盒子里。然后，你拿走盒子，他拿走钥匙。彩票中奖号码公布后，你们再碰个头，把盒子打开，来看看当初的预测结果是否正确。这样便能让他做出一个谁都不能看见，但他今后也不能抵赖的预测。我们把这样的协议叫做“带有防欺骗的承诺”。

只可惜，这种方法有一个局限性：它只能在现实生活中使用。如果你在网上遇到了自称能预知未来的人，你如何让他做出防欺骗的承诺呢？

有人可能会说，为什么不让他给预言加一个密呢？就像之前让他给预言加上一把锁一样。比方说，让他在下周的中奖号码上加一个很大的整数，然后把结果告诉你；这个很大的整数就是解开中奖号码的密钥，由他自己保管。仔细想想你会发现，这个方案显然不行，因为到了验证预言的时候，他可以谎报这个大整数，让密码解开来后是任何一个他想要的数。为了防止他耍赖，能否让他事先就把密钥公布出来呢？这也不行——知道了密钥后，你就能直接获得密码原文了，这样便失去了保密的作用。

注意到，传统的加密方法不能公开的原因就是，知道了加密方法也就知道了解密方法，只需要把加密方法反过来做就行了。有没有一种加密方法，使得即使你知道了加密的方法，也不能恢复出密码原文呢？有的。只需要在加密过程中加入一些不可逆的数学运算就行了。比方说，你们可以约定这样一种加密方法：先取中奖号码的正弦值的小数点后八位数字，得到一个八位整数；再求中奖号码与圆周率前六位数字形成的整数（314 159）之和，取该和的平方的第 3 位到第 10 位，又得到一个八位数；最后计算这两个八位数的和除以 456 789 的余数。假如他预言的中奖号码是 1 234 567，那么对 1 234 567 进行上面这一串操作后，将会得到 244 685。但是，即使知道加密的过程，你也不能把 244 685 还原成 1 234 567。事实上，1 234 567 甚至不一定是唯一解，很可能有别的数加密后也会变成 244 685。上述加密方法能把任何数都加密成一个小于 456 789 的数，因此必然会出现不同的数加密成同一结果的情况。这就意味着，这种加密方法是会丢掉原始信息的。我们不妨把这种不可逆的加密方法叫做“单向加密”。在密码学中，MD5 和 SHA1 是两种比较常用的单向加密算法。由于其单向性，这种加密方法不能用于普通的信息传输。但它有很多其他的应用，做出带有防欺骗的承诺便是一例。拿到 244 685 这个数后，你完全无法推出他究竟做了什么预测；到了验证预言的时候，只需要让对方宣布当初他的预测 1 234 567，你来检验一下 1 234 567 加密后是否会得到 244 685 就行了。

不过，这个方法有一个局限性：如果他宣称他能预测某只股票会涨还是会跌，上述方法就有漏洞了。比方说，你们可以约定，数字 1 表示股票会涨，数字 2 表示股票会跌，然后让他用刚才的那套方法把他的预测结果加密发过来。如果他告诉你的结果是 316 554，那你只需要分别试一下 1 和 2 加密后分别得多少，就知道原始数据是 1 还是 2 了。原始数据的取值太有限，让穷举式的“暴力破解”变得易如反掌。怎么办呢？可以想办法硬把原始数据的取值范围扩大。比如，约定所有个位数字为 1 的数都表示股票会涨，约定所有个位数字为 2 的数都表示股票会跌。假如对方预测股票会涨，他可以选取任意一个末位为 1 的数，对其进行加密，这下你便没办法暴力破解了。不过，这里还有一个小问题：刚才我们说了，单向加密可能会把不同的原始信息加密成同一个结果，因此完全有可能出现这样两个数，它们的末位分别是 1 和 2，但加密后的结果相同（虽然找到这样的例子并不容易）。为了避免对方手中持有精心构造的“两可解”情况，我们可以在每次实施协议时都改变一下协议的细节，比如每次都换一种单向加密方式，或者更好地，每次都要求对方选取的那个数必须以你想的某个随机数打头。这样一来，整个协议就完美了。

其实，这个协议并不只在揭穿超能力者的时候才有用。我们生活当中有很多地方都可以用到带有防欺骗的承诺。有一次，我在战网上和别人打星际，打出了一个非常搞笑的局面：两边的兵都一个不剩，两边的钱也都不够造东西了，双方都完全丧失了战斗能力。但是，双方都还剩有建筑，因此都不算输。此时，必须有一个玩家主动认输，先退出游戏，才能结束僵局。该谁先退呢？我和他便在游戏中互发消息谈论了起来。其实，在现实生活中，这很好解决：来玩一次石头剪子布就可以了。但是，怎么在网上玩石头剪子布呢？总不能让一个人先发消息说“我出的是剪子”，另一个人回复“哈哈，我出的石头”吧。这时候，就要用到带有防欺骗的承诺了。我们可以利用前面讲的方法，各自向对方承诺自己要出什么拳，然后双方再公布自己出的拳，让对方验证自己并没撒谎。更简单的方法就是，我在 1 和 2 之间想一个数，然后把我想的数加密告诉对方，由对方来猜我想的数是多少，猜对了我就认输退出，猜错了他就认输退出。对方做出猜测后，我再公布加密前的原始信息，以证明我没有耍赖。

我们常常在电视上看到这样的一幕：一位老太太兴冲冲地走上台去，翻过 3 个商标牌，发现上面尽是 5 块钱、10 块钱的小奖，垂头丧气地回到观众席；然后主持人会跑出来，边翻着另外几个牌子边说，1000 元的大奖在这个后面，800 元的在这里之类的。为什么主持人要演出“事后揭大奖”这一幕呢？道理很简单，节目组想通过这个“验证过程”

告诉观众，这个环节不是骗人的，大奖真的就在这里面，只是刚才那家伙运气背没摸到而已。摸奖前宣称有大奖，摸完奖之后还能证实大奖真的存在，这也是带有防欺骗的承诺。

但是，我们喝饮料参与开盖有奖活动时，就会有被欺骗的感觉：你说中奖率是千分之一，我凭什么相信你呢？那么，有没有办法让开盖有奖活动的中奖率变得透明呢？有的。我就想过这么一个方法。比如说，开盖后你将得到一个参与活动的序列号，把这个序列号短信发送给活动举办方参与抽奖。此时，活动举办方的服务器从 1 到 1000 中随机生成一个整数，并把这个整数加上你指定的前缀和它自选的前缀，用公开的单向加密方法加密后发回给你。你需要猜出服务器生成的数是什么，如果猜对就能中奖，如果猜错就结束游戏。发送了你的猜测结果后，服务器将发来加密前的信息，确保自己没有撒谎。

密码学与协议的故事多得讲也讲不完。公钥加密算法、密钥交换协议、盲签名协议、投票协议、虚拟货币协议、中间人攻击……这些简直都是密码学中的珍宝。还没过瘾的读者，不妨买一本密码学与协议的书，继续研究下去。

10. 公平分割问题

大家或许都知道经典的两人分饼问题——为了实现公平性，只需要一个人切，另一个人选即可。不过，在现实生活中，情况远没有那么理想。如果把大饼换成蛋糕，问题就复杂了很多——你想吃奶油，我想吃巧克力，他想吃水果——如果分蛋糕的人对蛋糕各部分的价值看法有分歧，还能实现公平的分割吗？如果分蛋糕的人不止两个呢？

事实上，对于两个人分蛋糕的情况，经典的“你来分我来选”的方法仍然是非常有效的，即使双方对蛋糕价值的计算方法不一致也没关系。首先，由其中一人执刀，把蛋糕切分成两块；然后，另一个人选出他自己更想要的那块，剩下的那块就留给第一个人。由于分蛋糕的人事先不知道选蛋糕的人会选择哪一块，为了保证自己的利益，他必须

（按照自己的标准）把蛋糕分成均等的两块。这样，不管对方选择了哪一块，他都能保证自己总可以得到蛋糕总价值的 $\frac{1}{2}$。

不过，细究起来，这种方法也不是完全公平的。对于分蛋糕的人来说，两块蛋糕的价值均等，但对于选蛋糕的人来说，两块蛋糕的价值差异可能很大。因此，选蛋糕的人往往能获得大于 $\frac{1}{2}$ 的价值。一个简单的例子就是，蛋糕表面是一半草莓一半巧克力的。分蛋糕的人只对蛋糕体积感兴趣，于是把草莓的部分分成一块，把巧克力的部分分成一块；但他不知道，选蛋糕的人更偏爱巧克力一些。因此，选蛋糕的人可以得到的价值超过蛋糕总价值的一半，而分蛋糕的人只能恰好获得一半的价值。事实上，更公平一些的做法是，分蛋糕的人得到所有草莓部分和一小块巧克力部分，选蛋糕的人则分得剩下的巧克力部分。这样便能确保两个人都可以得到一半多一点的价值。

但是，要想实现上面所说的理想分割，双方需要完全公开自己的信息，并且能够充分信任对方。然而，在现实生活中，这是很难做到的。考虑到分蛋糕的双方尔虞我诈的可能性，实现绝对公平几乎是不可能完成的任务。因此，我们只能退而求其次，给“公平”下一个大家普遍能接受的定义。在公平分割（fair division）问题中，有一个最为根本的公平原则叫做“均衡分割”（proportional division）。它的意思就是，如果有 n 个人分蛋糕，则每个人都认为自己得到了整个蛋糕至少 $\frac{1}{n}$ 的价值。从这个角度来说，“你来分我来选”的方案是公平的——在信息不对称的场合中，获得总价值的一半已经是很让人满意的结果了。

如果分蛋糕的人更多，均衡分割同样能够实现，而且实现的方法不止一种。其中一种简单的方法就是，每个已经分到蛋糕的人都把自己手中的蛋糕分成更小的等份，让下一个没有分到蛋糕的人来挑选。具体地说，先让其中两个人用“你来分我来选”的方法，把蛋糕分成两块；然后，每个人都把自己手中的蛋糕分成三份，让第三个人从每个人手里各挑出一份来；然后，每个人都把自己手中的蛋糕分成四份，让第四个人从这三个人手中各挑选一份；不断这样继续下去，直到最后一个人选完自己的蛋糕。只要每个人在切蛋糕时能做到均分，无论哪块被挑走，他都不会吃亏；而第 n 个人拿到了前面每个人手中价值至少 $\frac{1}{n}$ 的小块，合起来自然也就不会少于蛋糕总价值的 $\frac{1}{n}$。虽然这样下来，蛋糕可能会被分得零零碎碎，但这能保证每个人手中的蛋糕在他自己看来都是不小于蛋糕总价值的 $\frac{1}{n}$ 的。

还有一种思路完全不同的分割方案叫做“最后削减人算法”，它也能做到均衡分割。我们还是把总的人数用字母 n 来表示。首先，第一个人从蛋糕中切出他所认为的 $\frac{1}{n}$，然后把这一小块传给第二个人。第二个人可以选择直接把这块蛋糕递交给第三个人，也可以选择从中切除一小块（如果在他看来

这块蛋糕比 $\frac{1}{n}$ 大了），再交给第三个人。以此类推，每个人拿到蛋糕后都有一次“修剪”的机会，然后移交给下一个人。规定，最后一个对蛋糕大小进行改动的人将获得这块蛋糕，余下的 $n-1$ 个人则从头开始重复刚才的流程，分割剩下的蛋糕。每次走完一个流程，都会有一个人拿到了令他满意的蛋糕，下一次重复该流程的人数就会减少 1。不断这样做下去，直到每个人都分到蛋糕为止。

第一轮流程结束后，拿到蛋糕的人可以保证手中的蛋糕是整个蛋糕价值的 $\frac{1}{n}$。而对于每个没有拿到蛋糕的人来说，由于当他把蛋糕传下去之后，他后面的人只能减蛋糕不能加蛋糕，因此在他看来被拿走的那部分蛋糕一定不到 $\frac{1}{n}$，剩余的蛋糕对他来说仍然是够分的。在接下来的流程中，类似的道理也同样成立。更为厉害的是，在此游戏规则下，大家会自觉地把手中的蛋糕修剪成自认为的 $\frac{1}{n}$，要赖不会给他带来任何好处。分蛋糕的人绝不敢把蛋糕切得更小，否则得到这块蛋糕的人就有可能是他；如果他把一块大于 $\frac{1}{n}$ 的蛋糕拱手交给了别人，在他眼里看来，剩下的蛋糕就不够分了，他最终分到的很可能远不及 $\frac{1}{n}$。

这样一来，均衡分割问题便完美解决了。不过，正如前面我们说过的，均衡条件仅仅是一个最低的要求。在生活中，人们对“公平”的概念还有很多更不易形式化的理解。如果对公平的要求稍加修改，上述方案的缺陷便暴露了出来。让我们来看这样一种情况：如果 n 个人分完蛋糕后，每个人都认为自己分得了至少 $\frac{1}{n}$ 的蛋糕，但其中两个人还是打起来了，可能是什么原因呢？由于不同的人对蛋糕各部分价值的判断标准不同，因此完全有可能出现这样的情况——虽然自己已经分到了至少 $\frac{1}{n}$ 份，但在他看来，有个人手里的蛋糕比他还多。看来，我们平常所说的公平，至少还有一层意思——每个人都认为别人的蛋糕没我手里的好。在公平分割理论中，我们把满足这个条件的分蛋糕方案叫做免嫉妒分割（envy-free division）。

免嫉妒分割是一个比均衡分割更强的要求。如果每个人的蛋糕都没我多，那我的蛋糕至少有 $\frac{1}{n}$，也就是说满足免嫉妒条件的分割一定满足均衡条件。反过来，满足均衡条件的分割却不一定是免嫉妒的。比方说，A、B、C 三人分蛋糕，但 A 只在乎蛋糕的体积，B 只关心蛋糕上的草莓颗数，C 只关心蛋糕上的巧克力块数。最后分得的结果是，A、B、C 三人的蛋糕体积相等，但 A 的蛋糕上什么都没有，B 的蛋糕上有一颗草莓两块巧克力，C 的蛋糕上有两颗草莓一块巧克力。因此，每个人从自己的角度来看都获得了整个蛋糕恰好 $\frac{1}{3}$ 的价值，但这样的分法明显是不科学的——B、C 两人会互相嫉妒。

之前我们介绍的两种均衡分割方案，它们都不满足免嫉妒条件。就拿第一种方案来说吧，如果有三个人分蛋糕，按照规则，首先应该让第一人分第二人选，然后两人各自把自己的蛋糕切成三等份，让第三人从每个人手中各挑一份。这种分法能保证每个人获得至少 $\frac{1}{3}$ 的蛋糕，但却可能出现这样的情况：第三个人从第二个人手中挑选的部分，恰好是第一个人非常想要的。这样一来，第一个人就会觉得第三个人手里的蛋糕更好一些，这种分法就不和谐了。

构造一套免嫉妒的分割方案非常困难。1960 年，约翰·塞尔弗里奇（John Selfridge）和约翰·康威（John Conway）[①] 各自独立地分析了人数为 3 的情况，构造出了第一个满足免嫉妒条件的三人分割方案。这种分割方案就被称为“塞尔弗里奇—康威算法”。

---

① 康威生于 1937 年，是一位非常有名的英国数学家。他发明并研究了很多有趣的数学游戏。记住康威这个名字，后面我们还会多次提到他。

首先，A 把蛋糕分成三等份（当然是按照自己的看法来分的，后面提到的切分和选取也都是这样）。如果 B 认为这三块蛋糕中较大的两块是一样大的，那么按照 C、B、A 的顺序依次选取蛋糕，问题就解决了。麻烦就麻烦在 B 认为较大的两块蛋糕不一样大的情况。此时，B 就把最大的那块蛋糕的其中一小部分切下来，让剩余的部分和第二大的蛋糕一样大。被切除的部分暂时扔在一旁，在第二轮分割时再来处理。接下来，按照 C、B、A 的顺序依次选蛋糕，但有一个限制：如果 C 没有选那块被修剪过的蛋糕，B 就必须选它。

这样，三人就各分得了一块蛋糕。由于 A 是切蛋糕的人，对于他来说拿到哪一块都一样，因此 A 不会嫉妒别人。由于 B 选取的是两个较大块中的一个，因此 B 也不会嫉妒别人。由于 C 是第一个选蛋糕的，显然他也不会嫉妒别人。因此，就目前来说，三个人之间是不会有嫉妒发生的。

但是，还有一小块被切除的部分没分完，因此分割流程进入第二轮。

在B和C之间，一定有一个人选择了那块被修剪过的蛋糕。不妨把这个人重新记作X，另一个人就记作Y。让Y把最后那一小块分成三等份，按照X、A、Y的顺序依次挑选蛋糕，结束第二轮流程。这一轮结束后，每个人都又得到了一小块蛋糕。由于X是第一个选蛋糕的人，X显然不会嫉妒别人；由于Y是分蛋糕的人，Y也不会嫉妒别人。由于A比Y先选，A不会嫉妒Y。最后，A也是不会嫉妒X的，因为即使X拥有了第二轮中的全部蛋糕，X手里的蛋糕加起来也只是第一轮开始时A等分出来的其中一块蛋糕，这是不可能超过A的。这就说明了，三个人之间仍然不会有嫉妒发生，塞尔弗里奇—康威算法的确满足免嫉妒条件。

不过，塞尔弗里奇—康威算法只能在三人分蛋糕时使用，并不能扩展到人数更多的情况。对于人数更多的情况，免嫉妒分割问题更加困难，目前数学家们还没有找到一个比较可行的方案。正如数学家索尔·加芬克尔（Sol Garfunkel）所说，分蛋糕问题是20世纪数学研究中最重要的问题之一。直到现在，也还有一大群数学家正投身于分蛋糕问题之中，研究包括免嫉妒性在内的各种公平条件，致力于构造新的公平分割方案。

11. 中文自动分词算法

其实，我并不是数学专业的——大学时我一直在中文系的应用语言学专业读书。不过，我并不后悔当初的决定。正因为没在数学专业学习，我才能不以考试为目的地学习任何自己想学的数学知识，才能对数学有如此浓厚的兴趣。同时，应用语言学本身也是一门相当有意思的学问。在专业课上，我学到了很多计算机自动处理中文信息的算法，有的算法非常漂亮。自动分词可以说是信息处理的第一步，是这一领域中最简单最有趣的话题，在这里跟大家闲聊一下。

自动分词在互联网有着极其广泛的应用。当你在搜索引擎中搜索“软件使用技巧”时，搜索引擎通常会帮你找出同时含有“软件”“使用”“技巧”的网页，即使这三个词并没有连在一块儿。一个好的新闻网站通常会有“相关文章推荐”的功能，这也要依赖于自动分词的算法。不过，要想让计算机准确切分一句话，并不是那么容易。我就曾经看到过，某网站报道北京大学生怎么样怎么样，结果相关文章里列出的全是北京大学的新闻。这多半是分词算法错误地把标题中的“北京大学”当成了一个词。

那么，如何让计算机准确地切分一句话呢？

自动分词的主要困难在于分词歧义。“结婚的和尚未结婚的”，应该分成“结婚/的/和/尚未/结婚/的”，还是“结婚/的/和尚/未/结婚/的”？人来判断很容易，要交给计算机来处理就麻烦了。问题的关键就是，“和尚未”里的“和尚”是一个词，“尚未”也是一个词，从计算机的角度看上去，两者似乎都有可能。对于计算机来说，这样的分词困境就叫做“交集型歧义”。

有时候，交集型歧义的“歧义链”有可能会更长。“中外科学名著”里，“中外”“外科”“科学”“学名”“名著”全是词，光从词库的角度来看，随便切几刀下去，得出的切分都是合理的。类似的例子数不胜数，“提高产品质量”“鞭炮声响彻夜空”“努力学习语法规则”“中国企业主要求解决”等句子都有这样的现象。在这些极端例子下，分词算法谁优谁劣可谓是一试便知。

最简单的，也是最容易想到的自动分词算法，便是“最大匹配法”了。也就是说，从句子左端开始，不断匹配最长的词（组不了词的单字则单独划开），直到把句子划分完。算法的理由很简单：人在阅读时也是从左往右逐字读入的，最大匹配法是与人的习惯相符的。而在大多数情况下，这种算法也的确能侥幸成功。不过，这种算法并不可靠，构造反例可以不费吹灰之力。例如，“北京大学生前来应聘”本应是“北京/大学生/前来/应聘”，却会被误分成“北京大学/生前/来/应聘”。

维护一个特殊规则表，可以修正一些很机械的问题，效果相当不错。例如，“不可能”要划分成“不/可能”，“会诊”后面接“断”“疗”“脉”“治”时要把“会”单独切出，“的确切”后面是抽象名词时

要把“的确切”分成“的/确切”，等等。

还有一个适用范围相当广的特殊规则，这个强大的规则能修正很多交集型歧义的划分错误。首先我们要维护一个一般不单独成词的字表，比如“民”“尘”“伟”“习”等；这些字通常不会单独划出来，都要跟旁边的字一块儿组成一个词。在分词过程中，一旦发现这些字被孤立出来，都要重新考虑它与前面的字组词的可能性。例如，在用最大匹配法切分“为人民服务”时，算法会先划出“为人”一词，而后发现“民”字只能单独成词了。查表却发现，“民”并不能单独划出，于是考虑进行修正——把“为人”的“人”字分配给“民”字。碰巧这下“为”和“人民”正好都能成词，据此便可得出正确的划分“为/人民/服务”。

不过，上述算法归根结底都是在像人一样从左到右地扫描文字。为了把问题变得更加形式化，充分利用计算机的优势，我们还有一种与人的阅读习惯完全不同的算法思路：把句子作为一个整体来考虑，从全局的角度评价一个句子划分方案的好坏。

设计自动分词算法的问题，也就变成了如何评估分词方案优劣的问题。最初所用的办法就是，寻找词数最少的划分。注意，每次都匹配最长的词，得出的划分不见得是词数最少的，错误的贪心很可能会不慎错过一些更优的方案。因而，在有的情况下，最少词数法比最大匹配法效果更好。若用最大匹配法来划分，“独立自主和平等互利的原则”将被分成“独立自主/和平/等/互利/的/原则”，一共有 6 个词；但词数更少的方案则是“独立自主/和/平等互利/的/原则”，一共只有 5 个词。

当然，最少词数法也有出错的时候。“为人民办公益”的最大匹配划分和最少词数划分都是“为人/民办/公益”，而正确的划分则是“为/人民/办/公益”。同时，很多句子也有不止一个词数最少的分词方案，最少词数法并不能从中选出一个最佳答案。不过，把之前提到的“不成词字表”装备到最少词数法上，我们就有了一种简明而强大的算法：对于一种分词方案，里面有多少词，就罚多少分；每出现一个不成词的单字，就加罚一分。最好的分词方案，也就是罚分最少的方案。

这种算法的效果出人意料地好。“他说的确实在理”是一个很困难的测试用例，“的确”和“实在”碰巧也成词，这给自动分词带来了很大的障碍。但是“确”“实”“理”通常都不单独成词，因此很多切分方案都会被扣掉不少分：

他/说/的/确实/在理（罚分：1＋1＋1＋1＋1＝5）

他/说/的确/实/在理（罚分：1＋1＋1＋2＋1＝6）

他/说/的确/实在/理（罚分：1＋1＋1＋1＋2＝6）

正确答案胜出。

需要指出的是，这个算法并不需要穷举所有的划分可能。整个问题可以转化为图论中的最短路问题，利用一种叫做“动态规划”的技巧则会获得更高的效率。

算法还有进一步优化的余地。大家或许已经想到了，“字不成词”有一个程度的问题。“民”是一个不成词的语素，它是不能单独成词的。“鸭”一般不单独成词，但在儿歌童谣和科技语体中除外。“见”则是一个可以单独成词的语素，只是平时我们不常说罢了。换句话说，每个字成词都有一定的概率，每个词出现的概率也是不同的。

何不用每个词出现的概率，来衡量分词的优劣？于是我们有了一个更标准、更连续、更自动的改进算法，即最大概率法：先统计大量真实语料中各个词出现的概率，然后把每种分词方案中各词的出现概率乘起来作为这种方案的得分。最后，选出得分最高的方案，当做分词的结果。

以“有意见分歧”为例，让我们看看最大概率法是如何工作的。查表可知，在大量真实语料中，“有”“有意”“意见”“见”“分歧”的出现概率分别是0.0181、0.0005、0.0010、0.0002、0.0001，因此“有/意见/分歧”的得分为 1.8×10^{-9}，但“有意/见/分歧”的得分只有 1.0×10^{-11}，正确方案完胜。

这里的假设是，用词造句无非是随机选词连在一块儿，是一个简单的一元过程。显然，这个假设理想得有点不合理，必然会有很多问题。考虑下面这句话：

这/事/的确/定/不/下来

但是概率算法却会把这个句子分成：

这/事/的/确定/不/下来

原因是，“的”字出现的概率太高了，它几乎总会从“的确”中挣脱出来。

其实，以上所有的分词算法都还有一个共同的大缺陷：它们虽然已经能很好地处理交集型歧义的问题，却完全无法解决另外一种被称为“组合型歧义”的问题。所谓组合型歧义，就是指同一个字串既可合又可分。比如说，“个人恩怨”中的“个人”就是一个词，“这个人”里的“个人”就必须拆开；“这扇门的把手”中的“把手”就是一个词，“把手抬起来”中的“把手”就必须拆开；“学生会宣传部”中的“学生会”就是一个词，“学生会主动完成作业”里的“学生会”就必须拆开。这样的例子非常多，“难过”“马上”“将来”“才能”“过人”“研究所”“原子能”等都有此问题。究竟是合还是分还得取决于它两侧的词语。到目前为止，所有算法对划分方案的评价标准都是基于每个词的固有性质的，完全不考虑相邻词语之间的影响，因而一旦涉及组合型歧义的问题，最大匹配、最少词数、概率最大等所有策略都不能实现具体情况具体分析。

于是，我们不得不跳出一元假设，把人类语言抽象成一个二元模型。对于任意两个词语 w_1、w_2，统计在语料库中词语 w_1 后面恰好是 w_2 的概率 $P(w_1, w_2)$。这样便会生成一个很大的二维表。再定义一个句子的划分方案的得分为 $P(\varphi, w_1) \cdot P(w_1, w_2) \cdot P(w_2, w_3) \cdot \cdots \cdot P(w_{n-1}, w_n)$，其中 w_1，w_2，…，w_n 依次表示分出的词，$P(\varphi, w_1)$ 表示句子开头是 w_1 的概率。我们同样可以利用动态规划求出得分最高的分词方案。这真是一个天才的模型，这个模型一并解决了词类标注和语音识别等各类自然语言处理问题。

至此，中文自动分词算是有了一个漂亮而实用的算法。

但是，随便拿份报纸读读，你就会发现我们之前给出的测试用例都太理想了，简直就是用来喂给计算机的。在中文分词中，还有一个比分词歧义更令人头疼的东西——未登录词。中文没有首字母大写，专名号也被取消了，这叫计算机如何辨认人名地名之类的东西？最近十年来，中文分词领域都在集中攻克这一难关。

在汉语的未登录词中，规律最强的要数中国人名了。根据统计，汉语姓氏大约有 1000 多个，其中“王”“陈”“李”“张”“刘”五大姓氏的覆盖率高达 32％，前 400 个姓氏覆盖率高达 99％。人名的用字也比较集中，“英”“华”“玉”“秀”“明”“珍”六个字的覆盖率就有 10.35％，最常用的 400 字则有 90％的覆盖率。虽然这些字分布在包括文言虚词在内的各种词类里，但就用字的感情色彩来看，人名多用褒义字和中性字，少有不雅用字，因此规律性还是非常强的。根据这些信息，我们足以计算一个字符串能成为名字的概率，结合预先设置的阈值便能很好地识别出可能的人名。

可是，如何把人名从句子中切出来呢？换句话说，如果句子中几个连续字都是姓名常用字，人名究竟应该从哪儿取到哪儿呢？人名以姓氏为左边界，相对容易判定一些。人名的右边界则可以从下文的提示确定出来：人名后面通常会接“先生”“同志”“校长”“主任”“医生”等身份词，以及“是”“说”“报道”“参加”“访问”“表示”等动作词。

但麻烦的情况也是有的。一些高频姓氏本身也是经常单独成词的常用字，例如“于”“马”“黄”“常”“高”等。很多反映时代性的名字也是本身就成词的，例如“建国”“建设”“国庆”“跃进”等。更讨厌的就是那些整个名字本身就是常用词的人名了，它们会彻底打乱之前的各种模型。如果分词程序也有智能的话，它一定会把所有叫“高峰”“黄莺”的人拖出去“斩”了。

还有那些恰好与上下文组合成词的人名，例如

“费孝通向人大常委会提交书面报告”和“邓颖超生前使用过的物品”等，这就是最考验分词算法的时候了。

中国地名的用字就分散得多了。北京有一个地方叫“臭泥坑”，网上搜索“臭泥坑”，第一页全是“臭泥坑地图”和“臭泥坑附近酒店”之类的信息。某年《重庆晨报》刊登停电通知，上面赫然印着“停电范围包括沙坪坝区的犀牛屙屎和犀牛屙屎抽水”，读者纷纷去电投诉印刷错误。记者仔细一查，你猜怎么着，印刷并无错误，重庆真的就有叫“犀牛屙屎”和“犀牛屙屎抽水”的地方。

好在，中国地名数量有限，这是可以枚举的。中国地名委员会编写了《中华人民共和国地名录》，收录了从高原盆地到桥梁电站共 10 万多个地名，这让中国地名的识别便利了很多。

外文人名和地名的用字则非常集中，识别起来也并不困难。

真正有些困难的就是识别机构名了，虽然机构名的后缀比较集中，但左边界的判断就有些难了。

更难的就是品牌名了。如今各行各业大打创意战，品牌名可以说是无奇不有，而且经常本身就包含常用词，更是给自动分词添加了不少障碍。

最难识别的未登录词就是缩略语了。“高数”“抵京”“女单”“发改委”“北医三院”都是比较好认的缩略语，然而有些缩略语的含义连人都搞不清楚，又如何让计算机找出线索？你能猜到“人影办”是什么机构的简称吗？打死你都想不到，是“人工影响天气办公室”。

汉语中构造缩略语的规律很诡异，目前也没有一个定论。初次听到这个问题，几乎每个人都会做出这样的猜想：缩略语都是选用各个成分中最核心的字，比如“安全检查”缩成“安检”，“人民警察”缩成“民警”等等。不过，反例也是有的，“邮政编码”就被缩成了“邮编”，但“码”无疑是更能概括“编码”一词的。当然，这几个缩略语已经逐渐成词，可以加进词库了，但新近出现的或者临时构造的缩略语该怎么办，还真是个大问题。

说到新词，网络新词的大量出现才是分词系统真正的挑战。这些新词汇的来源千奇百怪，几乎没有固定的产生机制。要想实现对网络文章的自动分词，目前看来是相当困难的。革命尚未成功，分词算法还有很大的进步空间。